THE TWO GREATEST IDEAS

第二次观念飞跃

世界冲突的根源与解决之道

HOW OUR GRASP OF THE UNIVERSE AND OUR MINDS CHANGED EVERYTHING

[美]琳达·扎格泽博斯基　著

孙天　译

LINDA ZAGZEBSKI

·桂林·

图书在版编目(CIP)数据

第三次观念飞跃：世界冲突的根源与解决之道 / (美) 琳达·扎格泽博斯基著；孙天译. -- 桂林：广西师范大学出版社, 2023.10

书名原文: The Two Greatest Ideas: How Our Grasp of the Universe and Our Minds Changed Everything

ISBN 978-7-5598-6187-0

Ⅰ. ①第… Ⅱ. ①琳… ②孙… Ⅲ. ①认知科学 – 研究 Ⅳ. ①B842.1

中国国家版本馆CIP数据核字(2023)第136377号

Copyright © 2021 by Princeton University Press
No part of this book may be reproduced or transmitted in any form or by any means, electronic or mechanical, including photocopying, recording or by any information storage and retrieval system, without permission in writing from the Publisher.

著作权合同登记号桂图登字：20-2023-063号

DI SAN CI GUANNIAN FEIYUE: SHJIE CHONGTU DE GENYUAN YU JIEJUE ZHI DAO

第三次观念飞跃：世界冲突的根源与解决之道

作　　者：[美] 琳达·扎格泽博斯基

译　　者：孙　天

责任编辑：谭宇墨凡

封面设计： wscgraphic.com

内文制作：燕　红

广西师范大学出版社出版发行

广西桂林市五里店路 9 号　邮政编码：541004
网址：www.bbtpress.com

出 版 人：黄轩庄

全国新华书店经销

发行热线：010-64284815

北京鑫益晖印刷有限公司

开本：880mm × 1230mm　1/32

印张：10　　　　字数：180千

2023年10月第1版　2023年10月第1次印刷

定价：88.00元

如发现印装质量问题，影响阅读，请与出版社发行部门联系调换。

谨以此书

献给巴黎圣母院

这一人类文明的象征于 2019 年 4 月 15 日在一场大火中遭到部分损毁，目前正在修复中。这一事件让我想到了我们最重要的文化产物，不管是建筑还是思想，都是那么脆弱。关乎美的作品和那些让人性变得崇高的思想需要几个世纪才能形成，却可以在一瞬之间化为乌有。

目 录

致 谢

这本书最初是2018年3月在台北东吴大学进行的三场“东吴讲座”的内容。我要感谢米建国教授的邀约以及他对我和我先生的热情款待，也要感谢在我为本书进行研究的4年之中担任我研究助理的几位研究生——他们是泰勒·伊夫斯、雷蒙德·斯图尔特、扎克里·米尔斯特德、扎克·雷默、马特·布迪森——以及参与我在2018年春季针对本书原稿开设的研究生研讨班的同学们。2020年春天，我的同事尼尔·朱迪施和他在俄克拉荷马大学开设的顶石哲学课程的学生们针对本书草稿撰写了细致的评论。俄克拉荷马大学艺术史教授罗斯玛丽·贝斯克也花了很多时间来耐心回应我有关西方历史上艺术与思想之间关系的观点。

我在多次讲座中都陈述过本书第一章所表达的意思，也就是本书内容的概述，包括 2017 年 10 月在比利时鲁汶大学的“梅西耶枢机主教讲座”、2017 年 11 月在北卡罗来纳大学的“克莱尔 · 米勒讲座”。第一章同样也是我于 2017 年 11 月在俄克拉荷马大学进行的“‘最后一讲’讲座”（这一系列讲座要求主讲人以这是他们生命中最后一次讲座为假设来展开）中所讲述的内容。2017 年 11 月，我在美国天主教哲学协会阿奎那奖章的颁奖典礼上发表演讲，讲述的内容就是本书第一章的缩略版本。

我想要感谢普林斯顿大学的盲审专家，他们花了很多时间来针对此前的草稿撰写详细的评论。普林斯顿大学出版社编辑马特 · 罗哈尔负责我的这本书，他一直都在鼓励我，而且提供了诸多助力，超出我的想象。从项目起始到最终修订，他始终为本书保驾护航，而且他的许多建议都让本书得到了提升。最后，我非常感谢俄克拉荷马大学，尤其感谢哲学系以及哲学系现任系主任韦恩 · 里格斯和前任系主任休 · 本森，在过去 22 年间，他们为我提供了职业生涯所需的一切。现在我即将退休，我要感谢他们，是他们让我能在回望那些年时感到愉悦和满足。

新墨西哥州，圣菲

2020 年 12 月 20 日

第一章

两个最伟大的思想：叙事概要

世界的永恒之谜就在于它的可理解性。

——阿尔伯特·爱因斯坦[1]

在人类历史上，有两个思想为人类文明中数量众多的文化创新创造了基础。这两个思想特别简单，因此我们很容易忽略它们所蕴含的巨大能量，也很容易忘记它们不是自人类历史之初便天然存在的。其中一个思想是人类思维可以理解宇宙，另一个思想是人类思维可以理解其自身。接下来，我要给你们讲一个有关这两个思想的故事，你们在故事中将看到这两个思想之间的关系如何从前者占主导地位变化到后者占主导。这两个思想并不冲突，很多社会都已经接受了两者的和谐并存。然而，在西方历史中，这两个思想却表现为两种观点的冲突，也就是我们究竟是先理解世界再理解自身思维，还是先理解自身思维再理解世界。这个冲突给我们造成了知识上的困惑和文化上的分歧。回顾历史可以帮助我们展望未来。在本书结尾，我将分享自己的一点思考，会涉及出现第三个伟大思想的前景如何以及“如何将这个世界作为一个整体来认知”这一尚未解决的问题。

“宇宙”

universe（宇宙）一词来自古法语词 univers（12 世纪）以及更早的拉丁语词 universum，意思是“把一切汇总在一起，一切归于一体，一切事物组成的整体”。不过，这个词更常用于指代“物理实在的整体”或者“宇宙大爆炸后诞生的一切”。这种意思上的模糊导致人们把一切实在与一切物理实在画上了等号，卡尔·萨根曾表示：“宇宙包含现在、过去与未来。”然而，存在的一切是否等同于有形的一切，这显然不是一个仅通过一个词语的意思就能判定的问题。在这本书中，我将用“宇宙”来指代存在的一切，不管有形还是无形。有时，我也会用“世界”来表达同样的意思。

第一个伟大思想可能看起来显而易见，因为在我们广泛的文化实践中，诸多领域如宗教、哲学、自然科学、数学等都以这个思想为前提。这些实践都试图发现某些深藏于表象之下而又广泛通用的东西，比如宇宙的数学法则、物理结构、宇宙的起源与未来，或许还有我们的终极命运。这些实践要求人们在思考宇宙时把它当作一个统一的整体，而不是由许多毫无关联的现象组成的杂乱集合。不过，我们并不是迫于无奈才接受世界是一个整体的思想，人类数千年来的发展也未曾依赖这个思想。我们现在有迹可循的一切人类社会自诞生之初便都有使用和操控工具的能力。不过，要取得诸如开采金属矿、将开采的金属锻造成工具、发明建造技巧、种植农作物、饲养牲畜等成就，并不需要“世界是一个整体”的思想，更不需要“人类思维可以理解世界”的思想。人类的一切发明很有可能都源自“自然界中有规律”的信念。但是如果只是想学会控制火，或是制作一口锅，又或是种植某种作物，并不需要相信人类思维可以将世界作为一个整体来理解。同样的情况也适用于装饰艺术和讲故事的能力。事实上，人们可以在不考虑自己可以理解宇宙的情况下讲述有关神明的故事。因此，第一个伟大思想并不是古代神话的必要前提，宗教也并不是必须要包含“宇宙是一个统一整体”的思想。[2]然而，随着人类思想演化进程中的一次巨大飞跃，人们开始认为我们可以把世界看作一个统一的整体。我们可以透过经验中的大量现象去看这个世界，把这个世界看作一个整体。作家们有时会提出一个有趣的问题，那便是为什么哲学、数学、科学和大多数宗教几乎都兴起于同一时期，即公元前第一个千纪。[3] 我认为这都与第一个伟大思想的兴起密不可分。

第一个伟大思想可能看起来不切实际，然而，当我说第一个伟大思想是一个思想时，并不是说它一定是一种信念，尽管对很多人来说它很可能确实如此。事实上，人们可以在还未认为某种思想正确之时就心存这种思想，哪怕他们从未认为这种思想是正确的，也不会产生任何影响。第一个思想是一种关乎可能性的思想，也就是人类思维可能有能力去实现的结果。对某些人来说，这个思想作为一种志向或者说希望而存在，而不是作为一个信念。对其他人来说，这个思想就是一种信念，甚至是一个承诺。在本书中，我会经常以这个思想是正确的为前提来进行讨论，因为我相信它是正确的，不过其实我在本书中所讲述的内容几乎都不取决于这个思想正确与否。这个思想的力量并不在于它是否正确。

我在将第一个伟大思想表述为“人类思维可以理解宇宙”时，其实提出了另一个问题，那便是当人类思维在（或者是认为其在）理解这个世界时，人类思维是否意识到其自身正在做出理解的行为。有些哲学家认为不管何时，只要人类思维对任意事物有所意识，它其实是意识到了意识行为本身，因此在对人类思维之外的任意事物产生意识之时，总会同时产生人类思维可以理解其自身之外事物的意识。这从某种意义上意味着，就算只是非常模糊，人类思维也总是能意识到其自身。在后面的讨论中，我还会回到这个问题，不过重点是“人类思维可以理解世界”的思想与“人类思维可以理解其自身”的思想有所不同。这两个思想都由相同的人类思维发展出来，但从历史角度来看，它们代表着在思考人类思维与世界之间的关系时不同的思维方式，以及在将人类概念化时所采用的不同方法。

在西方历史上，哲学的起源几乎总会追溯到公元前 6 世纪的三位哲学家。他们居住在古希腊城市米利都（今土耳其境内），很有可能是最早产生“世界是一个整体”的思想的人。人类有记录以来的第一位哲学家是泰勒斯，他主张水是万物的本原。然而，很遗憾，我在过去几十年间并没能体会到这一主张的重要意义。就我的经验而言，学生们大都认为泰勒斯很愚蠢，但他的主张“整个世界由某些基础物质组成”确实是一流的天才思想。泰勒斯和他的后继者阿那克西曼德、阿那克西美尼均认为所有现实都可归为一体，从那时起这个思想就一直指引着人类思想与物质世界的前进与发展。阿那克西曼德主张一切事物的起源与原理都是无固定性质的事物，也就是“无限定”或“无定”（阿派朗，apeiron），这尤其令人印象深刻，不仅在于这个主张的内容，更在于阿那克西曼德试图通过论证来证明这个主张。阿那克西曼德为实在绘制图谱的渴求延伸到了为星体绘制星图和为地球绘制地图，这让他成了人类历史上最早的天文学家和地理学家之一。在绘制星图和地图并对宇宙的起源进行推理思考时，阿那克西曼德一定已经有了我们在这里讨论的第一个伟大思想。阿那克西曼德相信世间存在的一切都以某种结构联系在一起，鉴于人类可以对结构绘制图谱，那么人类思维就可以理解这一切，并就此进行交流。

两位截然不同的前苏格拉底哲学家也拥有同样的思想。巴门尼德生活在大约公元前500年的古希腊殖民地爱利亚（今意大利南部）。历史学家常常会强调巴门尼德是纯一元论者。他认为这世间只有一个唯一永恒不变的事物，这是第一个伟大思想的一种极端形式。巴门尼德经常被拿来跟与他生活在同时期、来自古希腊以弗所的赫拉克利特作对比。赫拉克利特告诉人们一切事物都处在永恒的变动中。[4] 无论如何，赫拉克利特给出了对第一个伟大思想最有力而生动的阐述：“不要听从于我，而要听从于逻各斯，接受一切事物都归为一体是明智的做法。”[5]

毕达哥拉斯学派拓展了第一个伟大思想，使其几乎融合了人类思想的各个领域。他们认为宇宙的结构是数字的，因此便可以将有关数的研究（数学）与其他研究联系起来，包括从时间维度对数的研究（和声学），从空间与时间维度对数的宏观研究（天文学），对存在于人类灵魂中的和谐的研究（伦理学）以及对存在于国家中的和谐的研究（政治思想）。支配宇宙的规律是有关和谐的规律。这个观点创造了一个一元意象，将物质宇宙与非物质宇宙融为一体，这在人类历史上是一个无可超越的成就。[6]数字是宇宙深层次特性的观点传遍了整个西方文化，这个观点在本书中也会反复出现。在毕达哥拉斯学派和其他前苏格拉底哲学家的影响下，古希腊人形成了“整个宇宙具有基于理性的结构”的观点，一直流传至今。这个观点几乎得到了公认，并悄然融入了人们的思维。理性是人类思维和宇宙本身固有的一个属性。由于宇宙的结构基于理性，理性的思维就可以理解它。这不仅仅是古希腊哲学的基础，也体现在古希腊政治、雕塑与建筑以及科学中。我们仍然认为人类思想和行为的各个领域都互相联通，因为我们如古人一样相信宇宙是可以为我们所理解的。之所以可以理解，原因在于，从某个意义上说，宇宙是一个整体，这一点很重要。我们从来没有舍弃过这个观点，证据就是我们一直都在使用“宇宙”一词。

我想强调第一个伟大思想并不仅仅是“宇宙具有统一的

理性结构”的观点，而且是着眼于“人类思维认为自己可以理解这样一个宇宙”的思想。在人类察觉到自己能够理解宇宙这一整体后，人类意识发生了彻底改变。第一个伟大思想的范围非常广阔，因此只有强大的思维才能拥有这个思想。人们对自己具有如此强大思维的意识一定是在变得越来越强烈，使毕达哥拉斯学派产生了“灵魂可以不断升华，最终与神灵融为一体”的思想，这也是在世界主流宗教中反复出现的一个思想。我们在印度教《奥义书》、佛教、新柏拉图主义以及后来诸如阿奎那和斯宾诺莎等西方伟大的形而上学体系中都看到了这个思想。第一个伟大思想让人类得到了一种与宇宙和谐相处的感觉，这种感觉又塑造了人类的道德观，也就是认为道德是顺应世界而生、顺应世界而感。这种道德观在包括西方文化在内的多种文化的历史长河中都一直存在。

第一个伟大思想与道德之间还存在另外一种联系。对人类在整个宇宙中位置的认知让人类不仅产生了对来世或者说对个体思维与至上力量融为一体的渴望，还体会到了一种对上帝或至上力量的责任感。当人类成员开始认为自己很重要时，他们意识到了自己的行为很严肃。道德规则不仅仅是把暴力行为控制在最低限度内的规则，也是某些存在需要的规则——这些存在因为理解了宇宙而应对宇宙负责。

因此，在苏格拉底之前，古希腊哲学家不仅创立了形而上学、自然科学、数学、音乐理论、道德和一种并未出现在古希腊宗教中的宗教观，还成功将它们联系了起来。在世界的其他地方，第一个伟大思想随着某种世界性宗教的兴起而出现，包括印度教、佛教、琐罗亚斯德教、道教、犹太教，但在古希腊，最先表达第一个伟大思想的，并不是宗教，而是哲学，这让古希腊人成了在第一个伟大思想历史上的一个独特存在。第一个伟大思想彻底改变了人类的意识，让皈依某种宗教的经验成为可能。[7] 人类可以认为自己是高尚的存在，这种感知将人类意识提升到了一个（就我们所知）还没有其他生物能及的高度。不过有些时候，第一个伟大思想没有如此强大的改造能力，我们后续将会有所探讨。

一神论是人类历史上最重要、最有生命力的思想之一。犹太人早在公元前 7 世纪就公开秉持一神论，一个世纪以后，毕达哥拉斯学派才在意大利南部繁荣发展起来。希伯来经书中的一神论将第一个伟大思想提升到了个人思想的层面。这个思想之所以能变成一个由个体所秉持的思想，部分原因在于它包含了“整个自然宇宙都来自个体选择”的思想，另一部分原因在于它也包含了“每个人类个体都可以与造物主建立私密关系”的思想。对犹太教一神论最重要的表述出现在《申命记》中：“以色列啊，你要听！耶和华——我们神是独一的主。你要尽心、尽性、尽力爱耶和华——你的神。”[8]这是对犹太人身份的明确主张，并且尤其引人注目，因为它表达的既是关于上帝的一个形而上学的论断，也是关于犹太人与上帝间关系的一个论断。这是第一个伟大思想的一种形式，人格是其核心。

“个体对所信奉神明的选择创造了物理宇宙”的思想具有某些重要影响。这个思想意味着尽管宇宙可以为人们所理解，但并非应需而生，因此无法仅靠理性反思来理解。宇宙的特点具有偶然性，因此需要人们去发现。对于宇宙偶然性的信念是现代科学形而上学的前提假设之一，有人认为古犹太人为科学最终兴起创造了条件，因为在所有古代人类族群中，只有古犹太人认为宇宙是偶然的而非必然的，是线性的而非循环的。[9]

一神论同样与“存在适用于全体人类成员的道德法则”的思想相关联。甚至早在犹太人明确成为一神论者之前，他们就已经与上帝立了约，上帝要求犹太人遵守他提出的道德规范，不过，从某个时间点起，犹太人就开始认为这些道德规范中的某些部分是普遍通用的了。这种思想早在公元前8世纪初期便已经有迹可循。那是在《阿摩司书》的开篇部分，一神论与一种并未和某个特定文化捆绑在一起的道德规则关联在了一起。阿摩司宣称，将因自身邪恶行为而面临上帝审判的不仅是以色列人，还有邻近王国的居民。以色列人的邻居不能以他们的行为得到了本地神明支持为借口。这对“存在可以超越不同社会间边界的道德规范”的思想逐渐成形发挥了重要作用，这个思想背后的逻辑最终使人们形成了存在普遍统一的道德规范的观点。

对第一个伟大思想更为有趣的一个延伸出现在一个世纪以后的《耶利米书》中。在这本经书中，上帝邀请人们从他的视角去看看自己那些不忠诚的行为。在其中一章，上帝说：“我怎能赦免你呢？你的儿女离弃我，又指着那不是神的起誓。我使他们饱足，他们就行奸淫，成群地聚集在娼妓家里。”[10] 想象一下，如果一群智慧生命发现有一个只属于自己的造物主，他们与这个造物主已经建立了关系，现在他们受到造物主邀请来从他的视角看自己，这群智慧生命会作何感受！犹太人意识到了自己秉持着这种观点，这种意识也一定彻底改变了犹太人，[11] 就像毕达哥拉斯学派因为认为自己的思维能够理解宇宙的数学结构而被彻底改变了一样。我认为诸如前面所引用的《耶利米书》中的片段非常有趣，不过原因并不在于上帝对犹太人说了什么，而在于犹太人认为他们可以走进那个洞察世间一切的造物主的思维。

我们在许多古人身上，尤其是斯多葛主义者身上，都看到了自然法则思想的萌芽。数百年后，阿奎那将这个萌芽发展成了“存在一种唯一的上帝永恒的法则，在上帝创造的世界里，这种法则既体现在普遍统一的道德规范上，也体现在普遍统一的物理法则上”的思想。普遍统一的道德规范是现代普遍人权思想的一个条件，普遍统一的物理法则是现代科学发展的一个条件。[12]因此，在西方历史中，我们看到了从早期物理学、形而上学和数学到伦理学的发展，最终形成了现代自然科学与国际法，这一切变迁都根植于第一个伟大思想。

然而，第一个伟大思想在西方社会的表现形式却逐渐式微。在占据统治地位 2000 多年后，第一个伟大思想变得不那么重要了，第二个伟大思想取而代之。两个伟大思想交锋的关键阶段始于文艺复兴时期，主要阵地是艺术和文学领域，以及 17 世纪的哲学与科学领域。[13]在这里，我的讲述将转向另一个方向。

第二个伟大思想，也就是人类思维可以理解其自身的思想，很有可能与第一个伟大思想兴起于同一时期。当然，在那之前，人们早就能够意识到自己的思维，但我所说的是人类思维可以理解其自身的**思想**的兴起。在上千年间，相较于第一个伟大思想，第二个伟大思想始终处于次要地位。这并不是说人们没有思考自己的思维。事实上，不管是在东方还是在西方，人们都有高度发达的祈祷或冥想的做法，这些做法关注的焦点都是思维，但目的通常是想要理解其他事物，比如上帝或婆罗门，道或唯一的真理。没有人认为个体思维本身具有重要意义。人类对自身思维的认知脱胎于他们对思维在全部实在中所处地位的认知。人类思维是这个宇宙的组成部分之一，认为人类思维可以理解宇宙的第一个伟大思想就包含了认为人类思维可以理解其自身的第二个伟大思想。在西方社会，这意味着存在一个清晰的认知顺序。人类主要通过认识宇宙来认识自己。我们首先理解宇宙，并且因为可以理解宇宙而可以理解自身。一个人的思维对他本人来说并不是显而易见的，也不是其认知的主要对象。德尔斐箴言“认识你自己”经常为人们所引用，但其落脚点并不在于让人们对自身思维进行内省，箴言本身也当然不是对个体思维重要性的表达。苏格拉底一定从来没有想过要用第二个伟大思想来替代第一个伟大思想。苏格拉底告诉我们的是，我们必须认识自己的本性，要做到这一点，我们要将苏格拉底的方法运用于这个世界，而不是通过检视我们内在的意识状态。

当第一个伟大思想居于统治地位时，意识的独特性不值得关注，个体思维的独特性当然也不是问题，尽管圣奥古斯丁对于内在性的精彩认知可能是例外之一。[14] 人们极有可能注意到了理解某个人的思维与理解广义上的思维之间存在不同之处，但很少有人甚至没有人注意到相较于思维对宇宙的理解，哪怕是对包含了思维本身的那部分宇宙的理解，思维对自身的理解从性质上说根本不属于同一类型。人类思维在理解其自身时，会抓住某些独特的东西，但我没有看到任何迹象表明“在人类历史长河的大部分时间里，人们认为个体意识的独特性比人类身体上的独特性更为重要”。对我来说，对一个人的爱似乎总是因他具有独特之处，因此个体的独特性一定为人们所体验了，但是爱并不是人类思维的一部分。[15]无论如何，思维具有个体性的思想丝毫没有改变哲学家对人类在宇宙中所处位置的看法，也没有改变宗教和道德实践。在基督教中，道成肉身的教义将人类与神直接联系在了一起，人类个性因而变得更加有趣了，我们也在福音书经文中看到耶稣说上帝甚至知道你有多少根头发，在寓言中看到上帝被比作一位会撇下整个羊群只为寻找丢失的那一只羊的牧羊人，进而看到了人类个体的重要性。然而，福音书中对耶稣思维的描述远不够细致入微，也没有聚焦于耶稣作为基督教中最为重要之人的独特个性，而是更多地关注耶稣围绕某些真理展开的教导，这些真理揭示了人类该对自身有哪些了解。在早期基督教中，可以找到主体性思想的根源，但基督教从未想要让第二个伟大思想超越第一个伟大思想占据主导地位。

普遍认为现代早期非常重要，我不喜欢老调重弹，但我相信人类思想史上位列第二的戏剧性事件确实发生在17世纪左右的欧洲。人类思维可以理解其自身的思想开始具有某些重要意义，因而从人类思维可以理解宇宙的思想中分离了出来。大约自笛卡尔起，第二个伟大思想开始逐渐取代第一个伟大思想了。

关于这个历史性的变革，有几点值得注意。首先，如果不是第一个伟大思想式微，第二个伟大思想就不可能变得如此重要。对自然、人类命运和道德的探究原本统一在一起，此时开始分道扬镳。如果第一个伟大思想能让笛卡尔感到满足，那他就不会把第二个伟大思想作为一整套哲学方法的起点。这一点笛卡尔本人曾明确表达过。[16]16世纪宗教改革运动前，第一个伟大思想实际已经为每一个人所接受，但基督教牢牢把控着对它的表达，此时的宗教改革运动打破了这种统一的权威。道德在此之前一直与宗教权威紧密关联，道德的概念就是服从权威，即服从上帝的声音在人类制度中的表达。因此，对宗教权威的动摇就意味着逐渐削弱这种道德概念，为在人类个体中建立道德的新基础铺平道路。长期以来一直是中世纪世界观组成部分的亚里士多德自然科学被发现存在缺陷，新的实验科学取而代之。中世纪的经济、社会和政治结构曾经代表着第一个伟大思想的一个常规表达方式，此时在宗教战争和黑死病的冲击下逐渐瓦解。当然，如果只是第一个伟大思想的某个表现形式变得混乱无序，那并没有理由放弃这个思想本身，而且第一个伟大思想在东方思想中仍然运转良好。但在西方，哲学与诸多历史性事件对这个思想产生了毁灭性影响。最终，在很多人的认知中，由自然科学创造的世界概念成了第一个伟大思想仅存的一个表现形式。

在笛卡尔之前，随着多个领域的进步，第二个伟大思想已经开始崛起。阿拉伯人在透视几何学领域的发现在 15 世纪传入了佛罗伦萨，从一个有意选择的视角描绘视觉作品因而变得可能。透视的发现不仅造就了文艺复兴时期辉煌的艺术和建筑，还带来了光学、航海、天文学领域的创新，因此，它的重要意义远远超越了在一个平面描绘一个存在于三维空间的物体时所发挥的作用。描绘不同视角的能力并不只是让绘画变得更加逼真了，而是让人们更清晰意识到存在不同的视角以及拥有这些视角的个体思维。在绘画领域发生变革的同时，文学领域的变革也伴随着一种新文学形式的出现而发生。在这种新文学形式中，人物的视角成为叙事的焦点。在笛卡尔出版《第一哲学沉思集》36 年前，塞万提斯出版了《堂吉诃德》的第一部分，通常认为这是第一部现代小说，也是人类历史上最有影响力的虚构作品之一。《堂吉诃德》的革命性在于对人物（characters）的发明，书中人物不再是类型化的，而是像现实中的人一样，有自己的世界和独特的视角。[17]我们对第二个伟大思想已经习以为常，因此常常会忽视它的优势地位究竟从何而来，事实上，它的崛起要以发生在许多不同层面的革命为前提。

我认为重点是要看到两个伟大思想本身并不冲突，但在第二个伟大思想取代第一个伟大思想时，它们被解读成了互相冲突的思想。第二个伟大思想崛起过程中的令人瞩目之处在于这一观点的转变，即从人类思维通过理解宇宙来理解其自身转变到了人类思维通过理解其自身来理解宇宙。人们开始认识到一个人的意识是一扇大门，有关这个宇宙的一切知识都必须通过它。我知道很多哲学家认为这个思想是显而易见的真理，并不需要论证，然而，事实上它一点也不显而易见。一个思想一旦变得人尽皆知就看起来无足轻重了，因此那些曾经拒绝接受这个思想的学者在几千年间所付出的努力就很容易被遗忘、被误读。

在第一个伟大思想居于统治地位之时，哲学家们认为思维是一扇面向世界开启的窗。在这一时期，知觉理论的典型形式都是直接实在论，也就是你所感知的就是这个世界中的存在。当第二个伟大思想居于统治地位之时，哲学家们认为我们需要用自身思维的内容来构建对世界的认知。思维具有边界，因此思维内容与外部世界之间的关系变得至关重要。

知觉理论的形式要么是间接实在论，也就是你所感知的是对世界中存在的复制；要么是观念论，也就是你所感知的是一个观念，这世界是一个由观念组成的世界。不管是哪种形式，对思维的理解都居于首要地位。思维首先接受感知，接下来需要确定什么样的世界可以造成这些感知。

与此类似，当第一个伟大思想居于统治地位之时，语义学是我们现在所说的外在论，也就是一个词的含义有一部分处于人类思维之外。相比之下，当第二个伟大思想居于统治地位之时，语义学是我们现在所说的内在论，也就是语言的含义是思维中的一个事物，与现实世界中的某个事物相对应。当哲学家把个体思维与世界其他部分分离开来时，语言如何把每个个体思维与世界相连，以及一门语言对其所有使用者来说是否都相同的问题，就变得极为关键了。[18]

哲学中还有其他重要转变。形而上学，也就是对作为存在的存在进行的研究，不再是哲学的起点。认识论，也就是关于知识的理论，占据了这个位置。关于人类的形而上学的研究过去聚焦于人（person），也就是一个由其在世界中所处位置来定义的存在，此时转向了聚焦于自我（self），也就是个体主体意识的拥有者。这个变化带来了一系列引人注目的转变，包括道德的观念从与宇宙和谐共生转变为以自律或自我治理为基础，以及自我成为权威的终极拥有者。

大转变

第一个伟大思想占主导的时代	第二个伟大思想占主导的时代
思维是一扇面向世界开启的窗	思维的内容表征着世界
思维没有固定的边界	思维具有固定的边界
知觉理论是直接实在论的具体形式	关于知觉的直接实在论被摒弃
哲学的起点是形而上学	认识论成为“第一哲学”
关注的焦点是在自然中占有一席之地的人	关注的焦点是自我及其主体性
道德是与宇宙和谐共生	道德根植于自我治理意义上的自律之中

第二个伟大思想的统治地位造成了对人类理解宇宙能力的怀疑论，其程度远远大于让第一个伟大思想变得基础的那种态度。[19]如果你需要以自身思维内容为起点，努力搞明白如何将这些内容融合到一起，好让你能够推断出在自身思维之外的世界是什么样子，那么这第一步可能就无法迈出去了。[20]即使你战胜了怀疑论的威胁，也会发现要用任何类似于过去宏大的宗教或形而上学体系这样全面的东西来构建对世界的看法，都是极端困难的。因此，对于传统形而上学、神学和一切以建立一个宏大世界观为目标的尝试来说，第二个伟大思想居于统治地位带来的都是压抑的效果。[21]

第二个伟大思想并没有把第一个伟大思想的一切表现形式都摧毁。第二个伟大思想最重要的哲学形式之一是 18 世纪英国的经验主义。这种经验主义并不是亚里士多德的那种经验主义，不是让你观察周围世界，然后进行研究探索，而是当你必须根据自身知觉状态来构建世界中的物质时唯一可能的经验主义。这使经验科学拥有了基础地位，也使人们有可能把思维状态的宇宙看作一个完整的宇宙，因此毫不奇怪，第二个伟大思想的崛起造就了乔治·贝克莱的经验观念论，认为一切物体都存在于思维中；并以不同的路径造就了黑格尔的观念论，认为世界的历史就是意识的历史。实在论与观念论的冲突在第二个伟大思想崛起后变得重要起来，因为在那之前，不存在可以与实在论进行对比的观念论。

接下来，我们看到随着第二个伟大思想占据统治地位，现代科学逐渐崛起，在改善人类生活和推动人类对物理世界认识的进步方面取得了激动人心的成功。这也是第二个伟大思想得以占据统治地位的部分原因。很多人认为，对科学的信任与对基督教世界观的不信任共同造就了“科学有能力为我们提供一个包罗一切之理论”的思想。这使第一个伟大思想弱化成了经验科学的产物。然而，科学并没有像第一个伟大思想那样彻底改变人们的意识。我在前面提到过，第一个伟大思想让人类产生了一种自己在宇宙中很重要的感觉。当这种感觉弱化，曾经赋予人们以意义的信仰就都消失了，留下来的只有科技进步的思想。到了 20 世纪，马克斯·韦伯曾提出一个非常著名的论断，声称科学展示了一个没有意义和价值的实在，剥夺了上帝在其中的位置，不仅破坏了神学，更动摇了宗教，因而遭到了“除魅”。[22] 时至今日，已有大量著作认为科学与宗教之间不存在冲突，并进行了论证，但某些科学必胜主义者，比如丹尼尔·丹尼特，则欣然接受了因“科学为我们提供了一个包罗万物之理论”的观点占据统治地位而带来的世界的除魅。[23] 因此，通过把第一个伟大思想弱化归结为自然科学而导致的除魅可以被看作一件好事，但似乎也让现代人不知道到底是什么把他们和宇宙联系在一起，这正是托马斯·内格尔在一篇经常被引用的论文中表达的反对意见。[24] 内格尔提出，并不是每个人都具有他所说的“宗教气质”，我同意并不是每个人都渴望这样一种把世界看作一个整体、自己在其中扮演着重要角色的观点，但是，在践行第一个伟大思想时，有些结果在激发这种观点方面令人满意，有些却不然，这其中的差异值得注意。[25]

第二个伟大思想的崛起也有许多令人乐于接受的结果。思维在反思自身时，会意识到自己在思想和行为中指挥着自己，因此第二个伟大思想的崛起带来了“对任何个体来说，自我治理才是权威的根本拥有者”的思想，在此之前，人类思维总是在自身之外寻找权威。接受自我治理是人类文明有史以来产生的对专制暴政最强有力的抵抗，而强调人作为个体而非社会群体中一员所具有的价值，则对承认个体人权这一现代社会最伟大的成就之一至关重要。[26]

第二个伟大思想还有一个重要结果，那便是我们现在重视每个人主体性的独特之处，这对我们对待个体差异的方式产生了巨大影响。这实际上已经影响到了文化与社会生活的方方面面。我们喜欢那些与他人不同的人，欣赏人类个体的差异，赞美个体观点之间的差异，并努力尝试理解这些差异。还有一些人因某些差异而无法像普通人那样很好地实现各种人类常规机能，我们也承认了他们的价值。如果不是因为第二个伟大思想的力量，我们根本不会在意这一点。

第一个伟大思想从未消失，在我们思考人类时，两个伟大思想同时存在。人类个体是一个人，也是一个自我，人与自我之间存在一个重要区别。一个人作为整体存在于这个世界，自我则是从其自身思维之内的视角看到的存在。一个人有尊严因为人拥有**理性**（rationality），这被认为是人类独特的属性，也是我们在整个前现代时代价值观念的基础。相比之下，自我的尊严则来自其独特主体性的价值，让自我治理意义上的自律成了一个政治和道德理想。[27]康德试图让两个伟大思想同等重要，在这点上我认为他应获得赞誉。在康德的著作中，两个伟大思想彼此对抗，这种对抗尤其发生在康德试图让自律同时成为个体自我指引的价值观与理性的普世价值观之时。然而，在我看来，在康德的著作中，第二个伟大思想似乎最终取得了胜利。就像他想尽可能地保留第一个伟大思想那样，康德认为他已经发现，当我们认为自己理解了宇宙时，我们所理解的并不是宇宙本身，而是一个作为可能的经验对象的宇宙。对很多哲学家来说，这是最终埋葬了第一个伟大思想的那一抔土。主体性的发现在两个伟大思想的历史上都造成了一个严重问题。首先，这意味着当前现代时期的人们认为自己成功理解了宇宙这一整体时，他们其实犯了一个错误。他们并没有成功地理解这个宇宙。他们对全体实在的认知缺少了主体性，如果主体性是真实存在的，那么这个认知就缺少了某些真实的存在。它所缺少的甚至有可能正是实在最重要的部分。然而，自现代开启至今的几百年间，人类一直未能把主体性融入整个宇宙的概念中去。伴随着对主体性的发现，出现了主客观世界之间的二分法，也就是由你独特意识经验构成的主观世界与不存在意识经验的客观世界之间的二分法。事实证明，要把这两个世界组合形成一个整体的概念是个艰巨的任务。在很多领域，包括在大多数专业哲学领域，以对客观世界的科学描述为基础的整体概念一直非常热门，然而迄今为止，这种概念一直没有成功。不管是第一个伟大思想占主导的时代还是第二个伟大思想所统治的时代，都没能形成一个针对全部实在的概念。

在 20 世纪，第二个伟大思想开始出现分裂。弗洛伊德发现了潜意识，随后思维能够理解的自身部分极其有限的观点逐渐兴起，由此出现了对第二个伟大思想的批判声音。20世纪晚些时候，自我是社会构建的产物并由外部世界所塑造的观点兴起，福柯认为思维理解其自身的过程像思维理解世界的过程一样复杂和问题重重。[28]这种局面造成的结果是两个伟大思想都变成了怀疑论的对象，但也都继续存在。在21世纪过去20年后，我们仍然在努力寻找一种方式来思考世界这个整体以及每个个体思维在其中的位置。

重点是，要看到两个伟大思想并不冲突，因此应该有可能把它们融合在一起。然而，历史上它们各自占主导地位时的表达形式之间曾存在冲突。我们先理解世界再理解自身思维的前现代思想与我们先理解自身思维再理解世界的现代思想相冲突。这同时给我们留下了实践和理论两方面的问题。我们的很多文化冲突都可以追溯到我们把自己看作人还是看作自我，我们也因此继承了与世界和谐共生和自我的自律这两个明显冲突的价值观。我们将在第四章中讨论这个问题。在第五章，我们将讨论一个理论问题，也就是尝试通过将对主观世界与客观世界的认知组合在一起来形成一个整体概念。

当我们把两个伟大思想放在一起思考时，就会注意到少了些什么。还有一个思想也应该很重要，但还没有跻身最伟大的思想之列，那就是人类个体思维可以理解其他个体思维的思想。理解世界是一回事，理解一个人的自身思维是另一回事，而理解其他人的思维又和前两者都不同。前两个伟大思想之所以能成为伟大思想，在于它们都带来了文化创新，有时甚至是动乱，它们也都在艺术、科学、文学、哲学等不只一个文化形式中得到了详细表达，并收获了持久的影响力。这些变化将是第二章和第三章的话题。第三个思想至关重要，或者至少应该至关重要，但它还没有像第一个和第二个伟大思想那样引发影响深远的文化效应。我认为我们需要一种有关主体性的新科学，这种新科学与研究物理世界的经验科学完全不同，也区别于一切以客观世界为研究对象的研究领域。我将在第六章对这一需求进行探讨。

人类个体的思维有无限的包容力，这正是第一个伟大思想的天才之处。不过，人类个体的思维也被其他一切事物排除在外。我们通过第二个伟大思想认识到了这一点。每一个个体意识都是独特的，这种独特性拒绝融入其他一切个体对这个世界的任何完整描述。如果不能合理解释这一点，我们就无法拥有一个关于实在的完整观点。我们甚至将无法理解自己的思维。

掠影　两个建筑物中的两大思想：罗马万神殿和盖里的古根海姆博物馆

哈德良的万神殿建成于公元126年，是现存最完整的古罗马建筑。它展现了毕达哥拉斯学派的宇宙，令人惊叹。万神殿以圆形布局，象征着纯粹统一，有一个壮观的穹顶，最初由闪耀的青铜板覆盖而成。穹顶顶端有一个开放的圆孔，直径八米，代表毕达哥拉斯学派的单子，也就是数字“一”，是一切数字的来源和万物的起源。

每一个走进万神殿的人都会被这个圆孔吸引。阳光会穿过圆孔照亮万神殿内部，这就难怪圆孔也代表太阳神阿波罗。万神殿的中轴线和殿内布局都依据四个基本方向进行，体现了毕达哥拉斯学派关于宇宙秩序的观点。从穹顶圆孔延伸出来的28条肋骨拱代表着毕达哥拉斯学派历法中的28个月。进入万神殿的人们可能意识不到这些数字对毕达哥拉斯学派来说在宇宙观上的重要意义，但显然会被这个建筑物的布局与对称吸引。也许哈德良皇帝对数学的热情可以解释为什么他的万神殿中有许多毕达哥拉斯学派的特点，至于目的何在，我们没有掌握直接证据，不过据说他收藏了一套毕达哥拉斯学派学说的秘密书籍。万神殿宏伟壮丽地表现了第一个伟大思想，是其最抽象的范例之一。

图 1　罗马万神殿。Mikhail Malykh, via Wikimedia Commons

图 2　弗兰克·盖里的古根海姆博物馆，位于西班牙毕尔巴鄂市。Steppschuh Photography

与万神殿形成鲜明对比的是位于西班牙毕尔巴鄂、由弗兰克·盖里设计的古根海姆博物馆。这座博物馆是一件艺术作品，巧妙地表达了现代意义上的主体性。盖里的这座建筑由许多弯曲的钛金属组成，总让我想起动画电影中鱼的鳞片。尽管博物馆很像一艘来自未来的大船，但其实这个外形与一切可以一眼认出的事物都不相像。它看上去是一次反毕达哥拉斯学派的大爆发，粉碎了一切传统形式，又神奇地把它们重新组合了起来。不过，仅有空中楼阁似的奇思妙想远不能打造出一座实实在在的建筑物。奇思妙想必须落地，必须有广泛的技术创新来应对工程和建筑方面的挑战。如果不是迎来了先进电脑技术的时代，盖里是无法战胜这些挑战的。当然，毕尔巴鄂市和古根海姆基金会并未提及两个伟大思想，但他们想要一些大胆的表达，也确实取得了成功。1997 年，博物馆正式对外开放时，批评人士和公众都反响热烈。

盖里的古根海姆博物馆和罗马万神殿在视觉上呈现出两个伟大思想的鲜明对比。两座建筑物都是各自所处时代最先进的代表，是建筑与工程领域的奇迹。万神殿由皇帝亲自下令建造，位于帝国的中心；毕尔巴鄂的古根海姆博物馆则建造于一座巴斯克地区寻求新生的破旧钢铁城市。万神殿的穹顶最初是镀金的，与它作为众神之家的地位相称。它周围有许多宏伟的建筑物和一个巨大的露天广场。古根海姆博物馆位于一条肮脏的河流岸边，在一片被煤烟熏黑的毫无特色的建筑物中闪闪发光。看到万神殿时，我就想走进去、坐下来，好好将它思考。对古根海姆博物馆，我则想绕着它走一圈，从每一个不同的角度去观察它。罗马万神殿的设计目的在于让罗马人表达对奥林匹斯诸神的崇敬，因此不管是建筑内部布局装饰还是其位于大都市罗马市中心的位置，都是精心谋划的结果。毕尔巴鄂的古根海姆博物馆本是进行艺术展示的地方，不过博物馆本身远比馆中的艺术藏品有趣得多。博物馆也可以用来展示植物或收藏书籍，或者里面什么都不放。我认为说这座博物馆就是为了其本身而建造的，也一点都不为过。盖里本可以选择其他任何地点来建造这个博物馆，但最终还是选择了毕尔巴鄂。这座博物馆挑战了周围环境，促使它们焕发了新生，从而令人惊叹地把毕尔巴鄂推入了后工业时代。毕尔巴鄂显然想要一些与当地面貌截然不同的东西。这座建筑物的美感并不源于过去，也不应当归功于当下。它是一个人的奇思妙想。

第二章

世界先于思维：第一个伟大思想的统治地位

（公元前第一个千年至文艺复兴）

叙事中的两个伟大思想

人类是有意识的，这一点与其他许多动物一样，但在我们的演化历史中一定有那么一个时刻，我们意识到了自己有意识，意识到了自己的意识。要把我们对自己意识的意识和对世界的意识区分开来，是件很自然的事情，婴儿显然在出生后不久便可以区分两者。[1] 我们可以理解整个世界的思想，自然地延伸自我们可以理解自身周围这部分世界的思想；我们可以理解自身全部思维的思想，则自然延伸自我们可以理解在给定时刻有意识的这部分思维的思想。我们时时刻刻都在运用思维的自然力量，两个伟大思想就是这种力量的延伸。在比我们这个时代更为乐观的历史时期，人们相信这两个思想表达了思维实际的力量，不过即使是在人们对其中一个思想的信心减弱，甚至是在对两个思想的信心都减弱的时候，这两个思想都仍然作为渴求延续了下来。两个伟大思想在一千年间经历了形形色色的文化动荡，却从未消失。

我在第一章中提出，人类思想史上出现过两次重大革命。其中一个标志了第一个伟大思想的崛起，在短期内促成了数学、形而上学、科学、道德理论的起源，进而开启了一段以人类满怀激情地去理解世界结构为主线的历史时期。这一时期并不缺乏想要理解理解这个世界的思维的渴望，但当时人们想当然地认为我们知觉的首要对象就是外部世界。世界上的很多地方都经历了第一次革命，但西方出现了第二次革命，经过这次革命，第二个伟大思想以及“我们意识的首要对象是我们自身思维”的观点崛起。在这段时期，我们可以理解全部实在的观点在社会意识中逐渐式微，至少有两个原因造成了这种状况：一方面人们对在中世纪通过基督教来产生和保存第一个伟大思想的权威不那么信任了；另一方面，也是更重要的一方面，人们对于人类思维超越自身主观感知的能力不那么信任了。“人类思维的目标是尽其所能地理解这个世界”的观点保留了下来，但是针对意识的首要对象是世界还是思维自身的问题，答案却出现了令人瞩目的转变。

为什么要这样讲述人类的历史呢？我们可以从中收获什

么吗？哲学史家讲述的故事与艺术史家讲述的不同，两者又都不同于宗教史家或科学史家，不过各领域的历史学家在叙述时都喜欢明确指出里程碑阶段。19世纪，历史学家雅各布·布克哈特第一次用“文艺复兴”一词来指代发生在15世纪意大利的令人惊叹的艺术革命，在这个著名的发明之后，这一时期一直被认为是艺术和建筑领域的转折点。科学革命则通常会追溯至16世纪，在那个世纪，宗教改革造成了西方宗教领域的剧变。哲学家通常将现代哲学的开端追溯至17世纪的笛卡尔，将笛卡尔对自己著作的解读作为一个新开端。政治体制的改变也同样地动山摇，现代民族国家在15至18世纪伴随着各领域的革命逐渐兴起。[2] 随着历史研究不断深入，这些历史事件或时期的起点往往会变得更早。[3] 不过在这里，我的目的不是划定精确的时期，毕竟显然可以围绕着它们来提出异议，我想表达的是这些历史上的文化突破都发生在相当集中的历史时期内。事实上，它们发生的时间如此密集，已经绝不可能是巧合了。

在特定历史时期内，艺术、文学、哲学与政治结构之间存在相互关联，这显然已经不是新潮的观点了。西方历史中有一个时期已经得到了充分研究，其中的这些关联也因此变得显而易见，这个时期就是古希腊。历史学家通常认为古希腊文化的一个重要特点是宇宙具有理性秩序的观点。[4] 在古希腊的宇宙观中，理性并不只是人类进行推理的能力，宇宙的结构也是理性的。我们在古希腊哲学中看到了这一点，在古希腊雕塑、艺术和政治体制中也可以看到这一点。[5] 理性的原则决定了什么是美的，什么是和谐的，什么可以让生活更好，以及什么可以让城邦实现公平。

在其他时代，不同文化领域之间的联系也有据可查，比如被宗教统治的欧洲中世纪、意大利文艺复兴、中国古代以及伊斯兰世界的中世纪。在这些和其他许多时代里，只要对宗教、哲学、艺术、科学和政治体制研究一番，就可以发现许多共通的思想，它们像一条线贯穿整个文化。[6] 有时如果不是这条线断裂了，我们很难看到它，正如在西方，第一个伟大思想这条线就在中世纪与现代之间的那一时期断裂了。我同时认为，如果孤立地考察每一个文化领域的历史，那将更加难以看到某一时期的不同文化产物共同拥有的那条线。在这一章和下一章中，我想通过探讨古代和中世纪的艺术、文学、哲学、道德思想和宗教之间有哪些共同点来突出两个伟大思想。这些共同点在原有那条线断裂、一条新的线在现代时期出现之时变得特别引人注目，而这也将是第三章的话题。

讲述人类文化的历史还有许多其他方式，比如可以讲述一系列艺术品而几乎不对它们之间的关联予以评论，这种方式最大限度地关注了创造性作品的个性特征。同样，也可以按照顺序讲述文学作品或物质文化和科学作品；还可以连续讲述军事事件或哲学思想。在利奥塔让针对“宏大叙事”的怀疑闻名天下后，对历史的讲述开始聚焦于局部的小故事。如后现代主义者所主张的那样，如果任由宏大叙事讲述一个旨在证明主宰者的观点是正确的或者保护政治强权者地位的故事，那么这些局部的小故事将一直湮没无闻。我要讲述的故事不会为了维护两个伟大思想中的一个而牺牲另一个，我也不认为我的故事维护了某个群体的社会地位,但必须承认，故事总是有选择的。有些事得到了讲述，有些则略去不表。当然，故事越短、跨越的历史时期越长，被略去的重要事项就越多。当我们知道其实可以讲述很多不同版本的故事时，那么有可能从我的这个故事中学到些什么呢？又或者，如果根本没有故事呢？

我认为重点是，当我们思考未来时，脑中总会有关于过去的故事。我们有自己的故事，有国家的故事；有的故事突出了过去的不公，也有的故事彰显了过去的文化成就。故事塑造了我们的自我意识，我们的自我意识又塑造了故事，但我们把故事讲述给别人，是希望这个故事可以帮助我们共同思考未来该选择怎样的方向。我相信思想在这个世界中是有力量的。物质条件并不是左右人类历史的唯一因素。我的目标是找出一个共同的思想：它就像一条线一样穿过了漫长的历史时期，然后断裂了，但仍然以碎片的形式存在着。另一条线成为主导，但后来也被扯碎，因此当我们观察由这些线交织而成的那块布料时，会看到很多破损的边缘和支离破碎的图案。我的故事会略去很多重要的文化事件，但是像我这样通过抽象的观点去考察人类历史有一个优势，那便是抽象让我们可以保持一定程度的情感疏离，从而更易于从他人角度来看待我们的历史，也可以缓和诸如我们将要在第四章讨论的那些文化争议。

我相信两个伟大思想具有普遍性，但我认为在思考西方历史时，要把它当作一段描述了从第一个伟大思想占主导地位转变到第二个伟大思想占主导地位的叙事，这样可以启发我们对过去的理解，也能让我们获得对当前问题的看法。两个伟大思想彼此相容，但它们在历史上的主要表达方式彼此冲突。在第一个伟大思想占主导地位时，人们认为自己通过理解世界来理解自身思维；在第二个伟大思想占主导地位时，人们的想法则反了过来。这让我们很难既把两个思想放在一起，又能尊重它们在我们历史上发挥的作用，不过我认为要迈出第一步，应该带着要找出发生了什么变化以及为什么会发生这些变化的目的去考察历史。

在这一章中，我们将看一看第一个伟大思想在前现代时期的数学、形而上学与科学、艺术与文学和道德思想等领域的兴起与发展。第一个伟大思想有时是一个假定的前提，有时是一股驱动力。有时它是有意识的，但更多时候都是无意识的。与艺术或文学相比，同时期的哲学更有可能让一个思想变成有意识的，因为这正是哲学家的责任所在。我们应该让隐性的思想显性化，这样就能看到一个人的文化创造与另一个人的相比有哪些隐秘的相似之处和不同之处，这正是帮助我们互相理解的一种方式。在下一章，我将用同样的方式讲述第二个伟大思想从文艺复兴到 20 世纪的故事。

数学、科学和形而上学的起源

数十年前，卡尔·雅斯贝尔斯提出公元前 800 年至前 200 年之间的时期为人类历史上最深刻的分界线。雅斯贝尔斯将这一时期称为“轴心时代”（Axial Age）。在这一时期之前，人类发明了语言，取得了伟大的技术创新，形成了一个个社会，在社会中建立了能够发挥作用的政府。同时，雅斯贝尔斯认为在轴心时代人类意识经历了一次转变，这个转变从那时起一直决定着人类对自身和宇宙的理解。在世界上的三个地区，也就是中国，印度与波斯，以及“西方”（巴勒斯坦和希腊)，世界几大宗教和哲学各自独立兴起。[7]然而，尽管早期印度教、佛教、耆那教、拜火教、道教、犹太教和希腊哲学之间存在明显区别，它们仍然具有十分有趣的共同点。[8]

> 对所有这三个地区来说，轴心时代的新鲜之处在于人对作为一个整体的存在有了意识，对自己和自己的局限性有了意识……他提出根本性的问题。他在直面虚无时努力寻求自由和救赎。他清楚地认识到自己的局限性，给自己设定了最高的目标。他在自我的深度和超验的洞察之中体验了绝对。

雅斯贝尔斯声称在轴心时代以后，世界上就再也没有出现过伟大的精神创新。

如果雅斯贝尔斯是正确的，那么两个伟大思想就是在同一时间在世界不同地区突然闯入了人类意识。雅斯贝尔斯关注的是几大宗教与哲学的崛起，然而，在同一时期，数学和科学领域也发生了革命。我们知道实用数学在轴心时代到来前就已存在，比如公元前3000年左右，算术、代数和几何就已在美索不达米亚地区的城邦中得到了应用，自公元前2000年起，古埃及人把它们用于商业活动、绘制星图和创造历法。然而，到了公元前 6 世纪，毕达哥拉斯学派把数学变成了一门理论学科。在公元前 4 世纪，欧几里得将几何学变成了一个完整体系，时至今日这仍然是标准教科书式的体系。甚至是 20 世纪出现的各种非欧几何形式，都属于欧几里得几何学的变体。这意味着，除了应用在宗教史和哲学史中，我们还可以将雅斯贝尔斯的轴心时代概念解读为数学史的关键时期，由于数学是测量、预言自然现象的一个强大工具，轴心时代对天文学和其他科学也是至关重要的。

我在第一章中提到过，数学与科学领域中的某些先驱也是人类最早的哲学家，这一点很重要。公元前 6 世纪的哲学家泰勒斯通常被认为是科学之父和哲学之父。泰勒斯和他之后的米利都学派认为世间万物都因为一种终极实体的存在而衍生出来，泰勒斯又将数学、科学观察和形而上学关联在了一起，这种能力是人类知识的统一最早期的表现形式之一。亚里士多德讲述了一段有关泰勒斯的历史传闻，说泰勒斯用一种有趣的方式表明了人类知识的统一甚至可以拓展到实用经济领域。根据亚里士多德的记录，泰勒斯遭到了人们的指责，他们说泰勒斯的贫穷证明哲学毫无用处，因此泰勒斯便运用有关冬季星空的知识进行预测，发现来年橄榄将会大丰收，于是囤积了许多橄榄石碾。第二年收获的季节到来，橄榄果然大丰收，橄榄石碾需求量大增，泰勒斯便把囤积的石碾拿出来出租给人们，租金完全由他自己说了算。泰勒斯那些据说毫无用处的知识着实帮他赚了一大笔钱。[9]

是什么让泰勒斯不同于他之前的思想家呢？通常认为相较于用神话故事来解释自然现象，泰勒斯寻找的是自然的解释，这就让科学知识和实践知识的爆炸式出现成为可能。这一点不错，但并不一定意味着如果我们想要理解全部实在，就必须超越神话思维。泰勒斯提出了一些重要思想，如果对这些前哲学思想进一步考察，我们就会发现一些时至今日仍然存在于我们对全部实在的认知中的特征。

几乎在卡尔·雅斯贝尔斯论述轴心时代的同一时期，亨利·富兰克弗特和妻子亨利特·安东尼娅·富兰克弗特发明了“mythopoeic”（神话的）一词，用来指代一种主要从神话角度来看待这个世界的思想形式，这种思想的出现早于发源于古希腊、至今仍然是西方社会主流思想形式的“思辨思维”。富兰克弗特夫妇把神话思维与古埃及和古巴比伦联系起来，这种做法遭到了批评。[10] 不过他们最重要的观点是，神话思维是非常不同于思辨思维的一种思想模式。这一点之所以重要，在于它迫使我们思考：要秉持思维可以理解世界的观点，需要具备哪些条件？需要用非常抽象的概念来组织这个世界吗？需要忽略世界中的个体吗？

神话思维通过围绕不同个体展开的故事来理解世界。当代西方人自然而然地认为这些故事不是真的，然而如果我们认为真理是人类思维与实在之间一种适当的接触，那么除了认知，就存在另一种方式让我们去了解实在。在神话思维中，这种接触是情绪化、个性化的。它们并不是简单地观察、描述自然，而是与自然互动。古巴比伦和古埃及的神话是用来解释后来古希腊哲学家所阐释的某些概念的，包括时间、空间、数字、因果关系、人类命运等。古巴比伦人和古埃及人在这些范畴之内进行理性思考，但理性思考的素材都是个性化的。他们认为自己与世界是吾与汝的关系，是一种主体间的关系，相比之下，在思辨思维中，这是一种吾与它之间的关系，是主体与客体之间的关系。这种转变让文明得以进步，也带来了将在本书中多次探讨的问题。[11]

科学研究的世界里都是普遍的规律，适用于反复发生的事情，让人们可以进行预测。相比之下，“汝”具有个体性，因此无法被预测。因果关系在神话思维中与在思辨思维中一样重要，不过个人因果关系是有意为之的存在，而不是根据普遍规律自然发生的结果。富兰克弗特夫妇指出，牛顿对于下落物体、潮汐变化和行星运动三者之间关联的发现，需要一种能够把差异巨大、相关性极低的现象关联起来的思维方式，在神话思维中几乎不可能有这样的思维方式。古巴比伦人和古埃及人在起因中寻找的是谁，而不是什么。尼罗河自己决定要让河水上涨。死亡由人的意愿决定。我们认为他们被蒙骗了，因为我们知道尼罗河不是人，无法决定河水上涨，我们发现他们把周围世界当作人而得来的感知严重限制了他们准确预测尼罗河水涨落的能力。这些古人无法将自然现象纳入个人因果关系的范畴。我们面临的问题恰恰相反，我们无法将涉及人的个体化现象纳入自然因果关系，尽管我们中很多人都在尝试。问题在于，即使知道了是什么让另一个人与自然界中的其他事物一样，也并不意味着我们完全理解了这个人，因为理解他人的关键往往在于是什么让他与众不同。思辨思维的优势在于它延伸得特别广泛，试图囊括其范围内的一切实在；劣势则在于它没有将个体因素考虑进来。

我将在第四章探讨人类将自身概念化的方式——既可以通过我们人类整体在这个世界中的位置，也可以通过我们各自的主体生命。古希腊思想强调我们人类共同拥有的本性，这对后来的西方哲学产生了深刻影响。直到后来第二个伟大思想崛起，每个个体的个性才具有了哲学上的重要意义。然而，值得注意的是，第一个伟大思想在古希腊时期的形式是理解一个由客体组成的世界，忽略了由主体组成的世界。在我看来，神话思维是一个主体的世界。考察一下思想史，我们就会看到从神话思维向思辨思维的转变创造了哲学，但同时也带来了哲学问题。古人有能力在这个世界中看到人类思维，西方文明却失去了这种能力。

神话思维把实在划入不同的范畴，但这些范畴无法被归纳概括，这就是为什么在神话时代不可能出现毕达哥拉斯或牛顿。古苏美尔人、古巴比伦人和古埃及人的神话给所有已知事实都找到了位置，这样一来，这些神话极有可能是第一个伟大思想的一个先导，或者可能是它的一个早期形式。在第一个伟大思想在古希腊出现后，有些价值就一直被搁置在一边，古人对实在划分的范畴恰恰突出了对这些价值的情绪认知，且直到现代都主导着西方思想。神话文化给我们的馈赠还包括人类与自然和谐统一的思想，这种思想已经从西方的道德思考中淡出了几个世纪。这种思想在环境伦理学中出现了回归的迹象，我们将在第四章中讨论这一点。在西方哲学家对美国原住民哲学迟来的兴趣中，也可以找到这种思想回归的迹象。[12] 我认为神话思维值得关注，不仅仅在于它的历史价值，还在于它的长处恰恰可以弥补我们继承自古希腊的第一个伟大思想的短处。

泰勒斯、阿那克西美尼和阿那克西曼德是有记录以来最早的西方哲学家，也可以算是最早的科学家和数学家。毫无疑问，他们都认为存在是一个整体，所以他们一定觉得存在一个作为整体而存在的事物。实在不仅仅是互不关联的现象的集合；实在是一个统一体。他们的根本思想是对第一个伟大思想的一种完美表达：**一切是一**。存在一个**本原**，也就是一个原理，它是一切的基础，人类思维可以发现它。要对整个宇宙进行系统解释，完全是有可能的。

在人类历史上，第一个伟大思想最让人印象深刻的表达方式之一是由毕达哥拉斯（公元前570—前495年）创造的。我想更详细地探讨一下毕达哥拉斯的哲学，因为它的影响将在本书中多次出现，它或许也是世界历史上第一个伟大思想最重要的一个实例。毕达哥拉斯出生在靠近土耳其海岸的萨摩斯岛，距离泰勒斯和阿那克西曼德生活的地方不远。毕达哥拉斯很有可能是阿那克西曼德的学生。[13] 毕达哥拉斯被誉为数学之父、几何学之父以及音乐之父。他发现了谐波频率中的数学，并把和声的数学与天文学联系了起来，据传说，毕达哥拉斯能够听到天体音乐。诚然，这是个传说，但我之所以提到它，是因为它表明音乐与宏观运动的物理学之间存在令人惊叹的联系。我们可以听到短时间内小范围的振动，不过认为长时间内大规模运动的声学也与此相同的思想是精妙绝伦的。这是第一个伟大思想的一种形式，开普勒正是在它的帮助下提出了行星运动法则，当代弦理论也体现了这个思想。我将在本章结尾处的掠影中讲述一个关于这个思想的故事。

毕达哥拉斯主义经过几百年的发展，出现了许多不同的表现形式，但我想强调两个主要特征：(1) 毕达哥拉斯学派认为一切存在皆为数，或者换个温和一些的说法，一切以某种形式存在的事物都可以用数字来表达。(2) 数字和数值的关系是非常美妙的。说万物皆数可能看起来有些奇怪，不过毕达哥拉斯主义还有另外两个特征：一切存在皆可知和一切可知的都是数字的。如果我们将这两点也考虑进来，情况就不一样了。[14] 思维可以理解数字形式的思想是出于直觉，[15]“人类思维所能理解的与世间的存在相同”的思想，只是第一个伟大思想的另一种表达方式。数值关系很美妙的思想来自谐波物理学，毕达哥拉斯学派同样认为让耳朵感到愉悦的也会让眼睛感到愉悦。毕达哥拉斯原理在古希腊建筑和雕塑得到了美妙的应用，最著名的范例当属菲狄亚斯设计的令人惊叹的帕特农神庙和其中的雕塑。毕达哥拉斯学派还把音乐当作良药，利用谐波频率来治疗人们的身体和思维。我无法评判这种思想的实际效果有多好，但它确实延续了几个世纪，还出现在了其他许多文化中。

我需要强调在毕达哥拉斯学派的宇宙观中，数字并不仅仅作为诸如阴历、神明、天体等事物的符号而具有重要意义。事实上，数字或数字间的关系就是宇宙的基本结构。对数字形式间关系和数学法则的发现是文明历史上最重要的驱动力之一，数字与世界可以为人类思维所理解的形式上的特点之间的关联从未消失。这种思想在整个古代始终统治着古希腊哲学，并因为圣奥古斯丁对毕达哥拉斯学派数论的着迷而传入西方拉丁世界的哲学中。[16]像毕达哥拉斯一样，奥古斯丁认为数字形式与一切存在的可知性密切相关。他把数字与形式相关联，又把形式与可知性相关联，这样一来，人类思维理解形式的能力便与上帝的存在关联起来：

> 就任何你可能看到的可变之物而言，如果它不具有由数字组成的某种形式，那么无论你是用身体去感知，还是用心灵去凝思，都根本无法理解它，因为如果没有这样的形式，它将沦为虚无。因此，不要怀疑，存在一种永恒、不变的形式，它负责确保这些可变之物不会消失，而是会以一定的运动和各种各样独特的形式来历经时间的考验，就像歌谣中的段段词句。这种永恒的形式没有边界，尽管它弥漫到无处不在，但并没有在空间中延伸，也没有随时间发生变化。

对奥古斯丁来说，永恒的形式是上帝，“上帝给宇宙的物理与道德秩序留下了数字印记”的思想在整个中世纪都很有影响力。很多哲学家认为数字结构将宇宙凝聚在一起，并将神与大自然的秩序联系在一起。上帝、自然、美、健康、和声、建筑、道德都通过数字联结在一起。数值关系是整个物理与非物理宇宙的形式，正是因为数值关系的存在，宇宙才是可知的。

到了现代早期，古希腊与中世纪时期的形式概念消失了，取而代之的是一个不同的概念体系，我们将在下一章进行探讨。不过，逻辑和数学中的形式结构在第二个伟大思想占主导的时期里像在第一个伟大思想占主导的时期里一样，始终存在。在不同的历史时期，不同学科轮番占据统治地位，但数学的尊贵地位从未动摇。数学可以被看作有关形式与规律的研究，这样一来，它就描述了构建宇宙的一种重要方式，很有可能是最重要的那一种方式。[17]这就是为什么柏拉图在《理想国》中认为学习数学可以让人们有能力去理解永恒的“理型”或“理念”。[18]我们看到的世界和用思维理解的世界通过数学联系了起来，在《蒂迈欧篇》中，柏拉图告诉我们，如果我们以科学观察为起点出发，要走到哲学的开端，那么就必须以数学为路径：

> 如果我们从来没有看到过星星、太阳和天空，那么我们谈论宇宙的一切语言就一个字都不会出现。然而，现在，我们看到了日夜变化，看到了月复一月、年复一年，进而创造了数字，产生了时间的概念，获得了探寻宇宙

本性的能力。通过这一切，我们拥有了哲学，不管是在过去还是在未来，这都是诸神给予我们凡人最好的馈赠。

艺术与建筑

在发明文字之前的数万年里，人类用绘画来表现意识内容。[19]因此，两个伟大思想的实例出现在艺术领域远早于出现在哲学或文学领域，这就一点都不让人感到惊讶了。我见过最早的第一个伟大思想的实例是新石器时代中国东部的玉璧和玉琮，有一些来自大约公元前3400年的良渚文化，远早于文字在中国出现的时间。[20]到了这一时期，玉器已不仅仅局限于作为工具使用，此时的中国人开始用玉器来代表宇宙，他们认为玉具有某种精神力量。天圆地方，玉璧代表天，玉琮代表地；出于同样的原因，祭坛建成圆形，墓地则是方形的。良渚人认为玉琮和玉璧可以承载凡人与神明之间的神秘编码。很久以后，到了战国、秦、汉时期（公元前3世纪），方圆的宇宙观被解读为宇宙中阴阳能量的运动。阳能量围绕圆形轨道，阴能量则沿方形路径。由于玉是非常坚硬的石材，打造玉璧和玉琮都很费力，需要耗费大量原材料和人力。我们可能无法判断这些古器物的创造者对整个宇宙有

图 3　来自中国良渚文化的玉璧，年代为公元前 3000 年。
Museum Angewandte Kunst (2006), via Wikimedia Commons.

着怎样的看法，但他们一定认为宇宙的主体部分是有结构的，可以被描绘成既美丽而又神圣的样子。[21]

用艺术来表达宇宙的渴望也许是普遍存在的。在良渚文化之后又过了 5000 多年，在世界上一个遥远的地方，也就是今天的亚马孙地区，有人在身体上描绘出了三层宇宙。他们的头饰描绘了居住在上层宇宙的最强大的鸟类。身体中部用珠子和地球上动物的毛皮来装饰。腿部的装饰则反映了底层世界粗鄙的爬虫类动物。在这个文化中，人们把身体变成了宇宙的地图，并按照地图的形式来规划周围的环境。他们

图 4 来自良渚文化的玉琮，年代为公元前 3300 年到前 2200 年，位于中国长江下游地区。Wikimedia Commons.

的身体和财产、他们的小屋和村庄，以及围绕他们的村落群，形成了一个个同心圆，代表了他们理解的宇宙。亚马孙丛林的世界就像一张中世纪的世界地图（mappa mundi），以圆形布局，每个人都知道自己在地图中的位置。这其中的思想很简单，又很优雅。想象一下，这里的人们生活在一个完全或者说几乎完全与外面的世界隔绝的世界，但仍然描绘出了世界这个整体的画面。这个画面以他们自己为中心，这与大多数概念相同，围绕着这个中心，整个画面不断向外扩展，就像很多现代西方人所渴望的那样。我没办法直接与这里的人们对话，所以无法了解他们对第一个伟大思想的看法，不过他们的创造和古代良渚人的创造都表明有关宇宙的认识和艺术创作冲动之间存在某种有趣的关联。艺术作品反映了其创作者的许多意识特点，不过当艺术作品描绘了全部现实时，或者说描绘了其创作者能想象出的全部现实时，那么创作者就会认为自己在这个世界里扮演着一个积极的角色，还会经常将这些作品用于神圣的仪式中。良渚人和亚马孙地区的人们都是这样做的。艺术家并不只是观察者，也是自己所描绘世界的参与者。

在第一章结尾的掠影中，我提到了古罗马时代令人印象最为深刻的建筑物之一是万神殿，它不仅仅是毕达哥拉斯学派思想的象征，更是对毕达哥拉斯学派思想的应用，遵循了“数字是宇宙的表现形式”以及“形式令感官愉悦”的毕达哥拉斯学派思想。这座建筑很美，不过毕达哥拉斯学派认为他们知道为什么这座建筑很美，这个原因与音乐和声让人感到愉悦的原因相同。数学、美以及人类身体与精神的和谐都相互关联。

在人类历史上，毕达哥拉斯学派的宇宙观也许最为生动地诠释了如何将对宇宙这一整体的理解在如此众多的人类文化领域中描绘出来。不过，“一个时代的艺术与思想相互关联”的思想直到 19、20 世纪才在现代图像志研究领域中成为学术研究的焦点。伟大的艺术史学家欧文·潘诺夫斯基（1892—1968）在该领域可能最有影响力，他认为艺术具有不同层次的含义，可以表现整个国家或历史时期的宗教或哲学视角。[22] 这个观点将艺术史与思想史紧紧联系在了一起。尽管两个伟大思想很抽象，但我一直都在讲它们为哲学之外的很多文化产物提供了概念背景，深深地融入了我们的艺术想象力之中。

中世纪大教堂是图像志领域中的一个经典案例分析，因为中世纪的宇宙观通过石头、玻璃和绘画等，被特别直接地表达了出来。我对中世纪大教堂的理解来自埃米尔·马勒关于 13 世纪大教堂的经典著作。根据马勒的描述，那时的大教堂就是当时整个世界观的缩影。[23] 在那时，教堂的领导者理解艺术表达和塑造世界观的方式，因此教堂自觉成为艺术意象的护卫者。在 787 年的第二次尼西亚大公会议中，参会主教们宣布宗教意象的组成不能由艺术家来决定，而应该根据教堂制定的原则来确定。艺术家知道如何展现一部作品才能让它抓住观赏者的情感焦点，但这些作品的主题都由教会的教父们来决定。主教会亲自监督教堂的建造，这样的工程通常都会附属于一所教会学校，学校把当时最优秀的老师汇聚在一起，监督教堂建造的进度。教堂是上帝造物的一个具体意象，它描绘了世界的起点和终点，记录了人类历史上的重要人物，展现了“救赎”的宏大叙事。甚至是教堂的朝向都具有重大的宇宙意义。到了13世纪，人们已经有了精确的方向概念。教堂的前端一定要在东边，在春分、秋分日时，太阳就在它顶上的天空中升起。在教堂西侧，夕阳总会照亮这个世界的夜晚，这一侧的外立面几乎描绘的都是“最后的审判”。《旧约》通常描绘于教堂北侧，也就是教堂里又冷又阴暗的一个区域，《新约》则总是沐浴在教堂南侧的阳光之中。

由于艺术的目的在于描绘一个共同意象，所以艺术绝不是某一个艺术家独特的创作，而是马勒所说的“分散的才能”的产物。参与建造一座教堂的艺术家和建筑师都置身于一个集体项目之中，其持续的时间比他们所有人的一生都要长。项目的目的在于将人类历史描绘成一个永不完结的故事中的一部分。在这个项目中，艺术家个人的观点毫无价值，甚至艺术家本人都毫不在意。真正重要的是艺术家、工匠、前来礼拜的人和教堂领袖在表达和理解第一个伟大思想这一壮丽形式的过程中，在让这个形式获得永生的过程中，分别扮演了怎样的角色，他们取得的结果令人着迷。大教堂以所有已知的艺术与科学为基础，创造展示出一系列启示。绘画、音乐、雕塑、彩色玻璃、建筑，甚至是信徒踏进教堂那一刻呼吸到的香气，这一切组合在一起，让人们产生了一种自己的存在与影响着整个宇宙的圣灵统一为一体的感觉。与当时学究气浓郁的神学和哲学不同，大教堂的含义是人人都可以理解的，而且由于人们都知道该如何去解读大教堂，大教堂便激起了他们心中强烈的情绪。即使是在今天，一位资质平平的艺术家也可以激起人们的强烈情感回应，只要他们通过在有生之年持续的情感学习获得了这些情感。[24]

这一点同样适用于东方基督徒在1500多年前创造的圣像。据说，圣像创造者不是描绘而是“书写”出了圣像。圣像的色彩有含义，姿态也有含义。描绘耶稣、玛利亚和其他圣人都有标准模板。在这里，圣像创造者的自我毫不相干，而且在整整1000多年间，圣像都没有署名。当我们欣赏一幅圣像时，我们看到的是视觉语言讲述的宇宙，我们读到的是把我们与那段故事联系在一起的祷文。对中世纪的人们来说，他们很可能并没有意识到那个时代赋予艺术的功能，因为那时艺术并不具有其他可以与此相对比的功能。尽管如此，圣像仍然被书写了出来，对我们来说，中世纪圣像创作者与当代画家在创作意图上的差异显而易见。

艺术与哲学以及文学一样，都是一种表达。这些表达会以多种文化形式呈现，而且彼此之间无法相互独立。当我们把一个历史时期的产物与其后某个时期的产物进行对比时，才更容易看到这些表达的共同特点。我们发现人类文化的各个领域会一起发生变化，或是以某种相关联的顺序先后发生变化。我已经列举了五个艺术和建筑领域的例子，跨越几个世纪，分布在世界不同的角落：中国新石器时代的玉器、当代亚马孙地区人们的身体彩绘、2 世纪的罗马万神殿、中世纪的大教堂、从 5 世纪一直延续至今的拜占庭圣像。我认为这些事物都有共同点，但这些共同点在现代时期开启后开始显著减少。这些事物的创造者描绘了整个世界以及自己在其中的位置，在他们眼中自己与他人在这个世界中都处于相同的位置。个体的重要意义并不在于个体本身，而在于个体处于一个整体之中。

艺术与思想一直都是相关联的。有时思想引导艺术，有时艺术指引思想。艺术与思想都受制于物质条件，但人类的想象却可以超越物质的限制。在文艺复兴时期，物质条件让人类的想象得到爆炸般的释放，由此艺术便占据了文化领袖的位置。我们将在下一章探讨这一点。

史诗

想象性文学能够描述大量其他的可能世界和可能个人。我们大多数人习惯于认为假想出的人们居住在一个虚幻世界里，几乎没有哲学上的重要性，但亚里士多德认为假想出的人们可以告诉我们什么是普遍的，他还区分了对历史的记述（实际发生的）和诗（本来可能发生但实际没有发生的），指出诗代表的事物比历史事件具有更强的哲学意义：

> 通过前面所述可以看出诗人的职业不在于描述已经发生的事，而在于描述可能发生的事，也就是那种极有可能或必然发生的事。历史学家与诗人的区别不在于前者写散文，而后者写韵文：你也许可以把希罗多德的著作变成韵文，但它仍是历史著作。二者真正的区别在于前者描述了已经出现的事，后者则描述一种可能出现的事。因此，诗比历史更富于哲学意味，也具有更重要的意义，因为诗的表达具有普遍性，历史叙述则是具有个别意义的表达。当我说具有普遍性的表达，我指的是某个人或某一类人很有可能或是必然要说或做的，这也是诗的目的，尽管诗给这些人物都赋予了具体的名字。我所说的具有个别意义的表达是指，比方说，阿尔基比亚德做了什么或经历了什么。

这一段文字很有趣，一方面在于它表明了想象性文学的性质，另一方面在于亚里士多德对想象性文学的赞赏。亚里士多德认为在诗的话语中，人物虽然被赋予了名字，但代表的是广义上的一类人，而不是现代意义上的个体。阿喀琉斯是什么样的人，或奥德修斯是什么样的人，又或是克吕泰涅斯特拉是什么样的人，都通过这些人物的语言和行为表现了出来，他们每个人都是一个统一的情节的一部分，这个情节能够解释每个事件的因果结构。亚里士多德指出诗中不应该包括与相互关联的因果顺序无关的事件。无法展现因果关系的细节是完全没有必要的，这包括有关人物独特特征的细节，而这正是现代读者感兴趣的内容。诗是模仿，但“模仿者模仿的对象是行为，做出这些行为的人必须不是好人就是坏人，人类的各种性格几乎都是从这种好坏之分的基础上延伸而来”。个体的重要性在于他或她所展示的是别人身上也可能发生的。个体本身并没有什么引人入胜之处。

亚里士多德谈论的诗是戏剧或史诗，这两个体裁都很适合表达一类人的性格特点以及这类人的行为所能产生的效果。两个体裁又都不适合表达作为一种内在体会的思维状态，也都没有试图让观众或读者与某个人物产生共鸣。“人物为了行为而存在。”亚里士多德这样写道。米哈伊尔·巴赫金在论文《小说的时间形式和时空体形式》中认为，对古希腊人来说，人类体验的各个方面都可以被看到和听到。古希腊人并不会把我们所说的内在与外在区分开来。“对古希腊人来说，我们的‘内在’与‘外在’处在同一条轴线上，也就是说，‘内在’对于一个人自身和他人来说都是看得见、听得到的，存在于表面。”对古希腊人来说，自传与传记相同，两者都是公开的。

> 个体的自我意识……完全依赖于其性格与生活中那些外在的方面，这些方面既为个体本人存在，也同样为他人存在；仅在这些方面中，自我意识就可以得到支持，变得完整；在这些方面之外，自我意识对那些可能非常私密、他人又难以复制的属于个体的方面一无所知。

古希腊文学中没有深刻的独白，[25] 连外在的描述都不强调个体的独特之处；没有对个人喜好的描述，甚至没有一个可以让我们称为人物画像的详细描述。内在的主体性与外在的人之间的区别，也就是内核与外壳之间的区别，到了后来才出现。

巴赫金 1981 年的论文《史诗与长篇小说》，将古希腊和中世纪时期占统治地位的文学形式与现代占统治地位的文学形式进行了对比，找出了其中差异。巴赫金认为这种差异体现了人类意识的一种转变，我认为这种转变可以很好地表明第一个伟大思想占主导地位时与第二个伟大思想占主导地位时的差异。巴赫金指出最重要的差异之一在于对时间的处理。

史诗的主体是一个“完整的过去”，早在讲述这一刻之前便已发生，作为对于整个文化之记忆的一部分呈现出来。史诗中的时间是一个有机整体，以传统的形式在一段绝对距离之外传播，这段距离将史诗中的世界与传颂史诗的世界分离开来。相比之下，小说的主题是当下，或者说人们把它当作当下来对待，因而时间发展的方向是还未完成的未来。小说让人们以一种当代的视角来对待其主体，不存在一种共同的讲述传统，而是有很多不同的方式。在史诗中，我们知道发生了什么，而在小说中，我们不能肯定发生了什么、又有什么是没发生的。巴赫金认为小说之所以有这个特点，是因为在小说这一体裁出现后不久，认识论便成为占主导地位的学科。哲学家通常都把认识论的崛起与笛卡尔联系在一起，但是说巴赫金也是正确的，我们也不应该感到惊讶。当不同的文化领域在几乎同一时期向着相同的方向发生变化时，那它们之间一定存在某种联系。

巴赫金指出，在史诗中，单个人物的意识并不像他们的行为那样有意义，这与亚里士多德对诗的解读异曲同工。除此之外，史诗的聆听者或讲述者也都无足轻重。在小说中，人物的意识不仅非常重要，有时还会是故事的全部。作者有意识地与读者的意识建立了联系。我们可以对小说里的人物产生共鸣，与他们一起体验他们的生活。在史诗中人物的身上，就不会发生此类情况。

巴赫金写到，他在史诗中找到的特点一直延续到了中世纪的高雅体裁中。巴赫金没有讨论 14 世纪但丁的杰作《神曲》，但这部作品是第一个伟大思想在想象性文学中一个尤为有力的表达，也符合巴赫金对于前现代时期文学思维的观察。但丁的诗既是一次穿越地狱、炼狱和天堂的旅行，也是一个有关灵魂奔向上帝之旅的寓言；既是一部形而上学的论文，也是一段个人旅程。但丁描绘了一个包罗万象的世界，由每一个曾在这世上出现过的人组成，这个世界在上帝的统治下高度统一。个体不能改变上帝制定的秩序，而必须遵守这个秩序，成为这个秩序的代表。在描述整个宇宙时，一边是对人类状态的高度敏感和善于发现大自然中细节的敏锐目光，一边是理解抽象思想的能力和对这个超自然世界的宏伟愿景，但丁把二者结合了起来。但丁是被毕达哥拉斯学派数字命理学深深吸引的著名人物之一，他在自己的诗中嵌入了一个数字和符号体系。[26] 就像中世纪的大教堂一样，但丁的诗表达了当时的宗教世界观，不过其中的神学细节比大教堂更多更复杂。事实上，《神曲》深受阿奎那神学的影响，因此有时也被称为“用韵文书写的《神学大全》”。当然，这并不意味着《神曲》没有但丁个人性格的印记。所有艺术作品，尤其是出自天才之手的作品，都体现了艺术家的个性，不过，在现代之前，这并不是有意为之的结果。在那个时代，几乎没有艺术家在作品中有意识地表达自己的内心世界。

在第一个伟大思想占主导地位的时代，艺术家、诗人、建筑师、哲学家、神学家、数学家和科学家像其他各个时代的人一样创造出了表达许多思想的作品。这些作品有一个共同点，只是到了后来这个共同点突然发生了变化时，它才变得容易被看出了。这个共同点就是“世界是统一的，是一个有机整体”的思想。我们可以看到这个世界，可以欣赏它，也可以扮演好我们在其中的角色，但我们不可以改变它，也从不曾想改变它。我们通过认识世界以及他人对世界的认识了解了我们自己。世界具有形式，也具有目的。善与美都融入了事物的本性。各类文化产物的创造者对此大都有一致的认识。我们在看到或读到这些作品时，一定会印象深刻，因为它们引人入胜。不过让我们印象深刻的一定还有另一个原因，那便是在西方，我们已经有几百年时间几乎没看到过这样的文化产物了。

道德：与宇宙和谐共生

整个物质与非物质宇宙是一个整体的思想创造了道德的

概念，这个概念从人们将道德思考系统化起便出现，一直延续到现代开端之时。从过去到现在，人类社会都需要有一套行为规则，这些规则构成了道德最基本的形式。甚至其他灵长类动物都会遵守各种社会规范，也有成员间互惠的意识。[27] 不过，自某一个时间点起，人类认为对于这些规则，应该有一套以正义思想为基础的解释体系。早在公元前两千纪，也就是远早于雅斯贝尔斯所说的轴心时代的年代，在古巴比伦，汉谟拉比制定了大量法律条文，适用于他掌管的巨大帝国里的每一个人。[28] 在序言中，汉谟拉比表示他的法典由众神颁布，目的是建立正义并为人类带来福祉。他还宣称自己制定的法律应该永远存在。汉谟拉比还指出，随着帝国的疆域在他的南征北战中不断扩大，众神决定他应该把代表正义的法律也推广到这些新近征服的疆土。[29] 在结语中，汉谟拉比说："在将要到来的日子里，在每一个未来的日子里，愿这片土地的国王遵守我在这块石碑上写下的正义之词！愿他不会改变我在这片土地上颁布的法律和对国家做出的决策。"汉谟拉比宣布自己是众神的使者，这显然为他的权威和他想要行使的权力提供了支持，但在我看来，这一说法的有趣之处在于，它意味着一个广泛适用的道德准则是可能的。

在第一章中，我提到了一神论与认为道德应普遍通用的思想之间存在联系。先知阿摩司宣称上帝会对以色列人的邻居的邪恶行为进行审判，这里隐含的意思是这些人不能以其行为被他们自己信奉的众神接受为借口。这段劝诫的逻辑很有意思，因为除非存在一套超越本地界限的道德准则，否则这套劝诫就没有意义。一神论与认为“道德或者大部分道德准则都具有普遍性”的思想之间存在关联，这就意味着在早期现代，当一神论世界观不再为人们普遍认可时，道德就需要找到一个新的基础。对此，人们的做法是把自我对自身的权威作为道德的基础，我们将在下一章探讨这一点。不过，西方社会中认为道德应普遍通用的思想并不仅仅源自犹太人的一神论，古希腊人是另一个来源。

古希腊人留给我们的是对自然秩序的一种深刻感知，道德便融入了这种秩序的结构之中。毕达哥拉斯学派认为和谐的自然法则适用于整个宇宙，包括人类灵魂和城邦。这种思想将个人的道德与城邦的适当秩序联系在了一起，因此，早在柏拉图的《理想国》将这个思想变成哲学史上最著名的一个思想之前，它就已经是古希腊人意识的一部分了。道德之所以存在，是因为人的内在与宇宙都遵循着相同的原则。

在《理想国》中，柏拉图明确了社会结构与个体灵魂同形同构的思想，苏格拉底提出城邦是对“大写的”个体灵魂。要理解灵魂中的正义是什么，我们应该首先看一看一个国家拥有的正义，因为这更容易看到。苏格拉底没有继续阐述城邦里的正义与某个更宏大的事物同形同构，比如与宇宙的正义同形同构。但在《蒂迈欧篇》的创世神话中，宇宙是一个生命体，它是善的，因为它是对永恒模式或“理型”的一种复制。柏拉图说个体灵魂的运动大约在其诞生之时便已偏离了轨道，人们的目标就是让这些运动重新与宇宙的运动一致起来。实现这个目标需要天文学来辅助，当目标实现后，灵魂就因回到了最初状态而感到满足。

《蒂迈欧篇》很容易就可以与基督教的宇宙学和伦理学统一起来。大量中世纪哲学家都受到了它的影响，认为万物的善都源自宇宙的结构，认为我们对至善的理解源自一系列以天文学和数学为最高教育内容的行为，终极目标是看到上帝，基督教哲学家用上帝的概念轻松替换了柏拉图至善理型的概念。[30]在几千年间，人们认为只有在掌握了天文学和数学后才能最终收获道德知识，了解创造了世间万物的形而上学的善。想一想这种状态，就会觉得很令人惊叹。如今，大多数人都认为天文学和数学距离道德思想能有多远就有多远，学生们最初学习柏拉图时，通常都会觉得他有关道德教育的观点相当令人吃惊，然而，当看到各种观点是如何彼此适应之后，学生们通常都会喜欢柏拉图的观点。宇宙的道德结构与其物理结构紧密关联，宇宙的宏大统一既代表了美也代表了善，对这样一个思想进行深入思考一下会让人感到非常兴奋。

古希腊人认为万物都有一个统一的结构，这就意味着如果有人有足够的耐心和聪明才智，就可以描绘出这个结构，并将它系统化。大约在欧几里得将几何学系统化的同一时期，亚里士多德提出了人类历史上第一个系统化的伦理学论述。亚里士多德将一种对道德的认识引入了西方历史，这种认识始终贯穿于第一个伟大思想占主导地位的时代，并在最近几十年重新出现。亚里士多德认为道德关乎获得幸福(eudaimonia)，也就是人的繁盛（human flourishing)，人的天性作为整个大自然的一个组成部分，决定了什么样的生命能够被称为繁盛的那种生命。人类生命的目标由天性决定，就像一只猫、一条鱼、一棵树的生命目标由它们各自的天性决定。对理性的运用决定了人类在自然中占据独特的位置，也将人类与动物区别开来，因此是天性决定了人类受理性支配，也因理性而得以实现繁盛。一个人要实现繁盛必须具备的特质是能够依从理性去感知和采取行动。这些特质就是美德。要过上合乎道德的生活，就要培养美德，美德又是由人类在自然中的特殊位置决定的。能够决定什么是善的，并不是人类的喜好,而是宇宙的结构。当代人在想到宇宙结构时，通常都会认为它是中性的，无所谓善也无所谓恶，它就是这样，仅此而已。但这并不是从古代到现代人们几乎普遍认可的那个观点。那个几乎得到普遍认可的观点是说，善是对存在者天性的一种满足，不管这个存在者是人类还是其他生物。我们感到满足，是因为我们适应了宇宙，而不是让宇宙适应了我们。

也许亚里士多德最引人注目的思想就是他认为对宇宙的沉思是人类所能渴求的终极的善。这使至善变成了一个智力行为，也就是对永恒的事物进行沉思。在《优台谟伦理学》第八卷第三节中，亚里士多德说神是卓越的沉思对象。因此，对亚里士多德来说，第一个伟大思想就是一个关乎人类至善的思想。柏拉图和亚里士多德都把合乎道德要求的生活直接与第一个伟大思想联系在一起，而且在接下来几乎 2000 多年的时间里，道德都来自人类在世界中的位置，到了基督教中，道德就来自人类在神圣计划中的位置了。道德的权威要么按照古希腊人的观点来自理性的天然权威，要么按照中世纪基督教的观点来自造物主对所造之物拥有的权威，或者是两种权威相结合带来的结果——这就是阿奎那的观点了。阿奎那认为起源于上帝理性的永恒法统治着整个宇宙。

理性在宇宙中所处的中心位置是在古代和中世纪占统治地位的主题之一。理性是至高无上的统治力量，也是一种创造了数学和科学的形而上学洞见。它与基督教神学相关联，又通过当时的艺术和文学表达出来。前现代时期思想中的第二个主题是一个有关宇宙的思想，认为宇宙是一个整体，有着形式所组成的结构，这个结构遍布物理的和非物理的宇宙，并且可以通过数学表达出来。在下一章中，我们将看到两个主题都发生了一定的改变。理性仍然保持了其作为权威来源的重要地位，但已经不是宇宙中的支配力量了，而变成了个体身上的支配力量。认为物理的宇宙具有数学结构的思想保留了下来，但认为宇宙的这种结构在人类灵魂和社会中得到体现的思想则被摒弃了。这两个变化都要求我们重新审视道德的本质。

思维的超越

第一个伟大思想让人类产生了一种优越感，因为它意味着我们的思维可以扩展到将宇宙也纳入其自身。这表明了人类思维的某些特点，也表明了宇宙的某些特点。宇宙可以被有限的思维纳入其中，因为存在的一切从某种意义上说是一个宏大的统一体，人类思维与宇宙间存在一种天然的吸引力。这种吸引力的源头在于思维具有理解实在的天性，实在具有被思维理解的天性。从某种意义上说，人类思维与实在具有相同的边界。

不管在东方还是在西方，伴随第一个伟大思想都形成了很多传统，在这些传统中多次出现理解与理解对象统一于一体的思想。在印度教中，一切实在最终归为一体，人类灵魂也与其合为一体。[31] 最早出现于大约公元前 700 年的《奥义书》中，最主要的教义就是每个人类个体的灵魂（Atman，阿特曼）与其他一切人类个体灵魂之间的精神认同，与至高无上的终极实在婆罗门之间的精神认同。我对此的解读是，这个启示出现的根源在于意识到了两个伟大思想事实上是同样的思想。记住这个古代传统，因为后面我将讨论将两个思想融为一体的困难之处。在西方，我们想当然地认为每个个体思维的主体性有别于其他一切个体思维的主体性，两者都是实在的组成部分，但又都不是实在的全部。相比之下，印度教将思维解读为摩耶（Maya，意为幻象）的一部分。两个伟大思想只有在虚幻的世界中才彼此分离。当把两个思想融为一体的尝试因发现一个人的真我（阿特曼）与全部实在（婆罗门）相同而来到终点后，思维便消失了。这与西方哲学形成了鲜明对比，让我们看到就人们对于两个伟大思想的认识而言，普遍之处在于思想本身，而不在于两个思想之间的相互关系。

古希腊“合一”（henosis）的思想，也就是神秘统一体的思想，在新柏拉图主义流派中尤为突出。新柏拉图主义起源于普罗提诺（204 / 205—270 年）的著作。普罗提诺通过奥古斯丁和 5 世纪末神秘的伪狄奥尼修斯对基督教哲学产生了影响，并至少持续到文艺复兴时期。像毕达哥拉斯学派一样，普罗提诺将形而上学与神秘主义的实践相结合。他认为一切存在流溢自太一，物质世界是最后才流溢出的。然而，在意识中，人类灵魂可以逆转流溢的过程，可以理解太一或者与太一融为一体。在《九章集》结尾处，普罗提诺写道：

> 我们一直在寻找统一；我们将会了解万物之本原，了解善和第一义；因此，我们无法脱离第一义而让自己颓然平躺在最后的事物之中：我们必须为第一义而奋斗，从最后之物带来的感觉之物中起身离开。在我们向善的意图之中，一切恶都已经被消除，在此之后，我们必须向着心中的本原升华；我们必须从多变成一。

普罗提诺本人就曾有过此类经历，他在《九章集》第四卷中是这样描述的：

> 常常发生这样的情况：我的灵魂摆脱了身体，成为真正的自我；其他一切都成了外部之物，我的灵魂变成了以自我为中心；它注视着壮丽的美，接下来，它比过

去任何时候都更加确定自己与最崇高秩序之间的联系；它过上了最高贵的生活，形成了与神圣者的同一性；我完成了这一切，居于这个灵魂之中；我高于智觉之中的一切，但又低于至尊者；不过，后来出现了从智觉下沉到理性的那一刻，有了与神圣者形成同一性的短暂经历后，我问自己为什么现在我会下沉下来，灵魂是如何进入我的身体的，这个灵魂，即使在我体内之时，也是一个崇高的事物，正如它自己所显示的那样。

据说，在死去的那一刻，普罗提诺对一个朋友说："现在，我要努力让体内那些神圣之物升华到宇宙中的神圣之物。"

在普罗提诺和其他像波菲利、扬布里柯这样的新柏拉图主义者看来，人类灵魂产生于统一，人类灵魂的边界也归于统一。同样，这既表明了宇宙固有性质的某些特点，也表明了人类意识固有性质的某些特点。寻求与神或太一的统一根植于人类的天性之中，被人类思维理解则是太一固有性质中的一部分。

亚里士多德和阿奎那与此方向不同，但我们还是从他们的理论得到了与此相同的结论。阿奎那认为正是因为人类具有灵魂，所以我们可以理解世间万物，他引用了亚里士多德《论灵魂》中反复出现的一句话："灵魂从某种意义上说是世间存在的一切。”亚里士多德在分析了存在着的一切要么可以被理解要么可以被感知所带来的影响后，提出了前面那个诱人的论断。亚里士多德说，在感觉中，感觉对象通过把其形式印刻于思维来作用于思维接受感觉对象的形式的能力，使思维与感觉对象的形式变为同形同构。这与在戒指图章上刻出图案的过程一样。同样，在思考时，思维通过变为与对象的形式同形同构来思考这个对象。亚里士多德说：“灵魂进行思考的那一部分因此……一定有能力接受一个对象的形式，也就是说灵魂进行思考的那一部分一定是在本身并不是那个思考对象的情况下也与对象具有潜在的相同特点。”不管是对可以被感觉到的对象，还是对可以被思考的对象，灵魂都有能力接受它们的形式，既然如此，那么从某种程度上说，灵魂就是一切可以被感觉或是被思考的对象，因为一个对象唯一没有被感觉或思考之处只是它的质料。鉴于世间存在的万物要么可以被感觉要么可以被思考，亚里士多德便得出了结论：灵魂从某种意义上说就是世间存在的万物。

阿奎那将这个观点从灵魂扩展到了对上帝和人性至善的认知：

> 某个事物能被某个人认知，是因为这个被认知的事物以某种方式被这位认知它的人所拥有。因此，《论灵

> 魂》中写道，灵魂“从某种意义上说，是万物”，因为它具有可以认知万物的性质。这样一来，宇宙的完美就有可能存在于一个事物之中。根据哲学家的观点，灵魂因此可实现的终极完美就是在其自身之中描述了整个宇宙的秩序与原因。哲学家们认为这是人的终极目标。然而，我们认为人的终极目标在于看到上帝，因为正如格里高利一世所说：“一个人如果看到了全知的上帝，还会有什么看不到的呢？”

当灵魂享受天堂里的荣福直观时，它便与全知的上帝统一在了一起。这样一来，人便满足了其内心最深层次的渴望，也就是与上帝融为一体，通过这样的融合，人就可以实现与一切实在的融合 。

在第二个伟大思想取代了第一个伟大思想后，人类思维可以与上帝或一切实在融为一体的思想明显势力变弱，但并没有消失，或者说至少没有立刻消失。17 世纪最重要的哲学家之一巴鲁赫·斯宾诺莎及其“对上帝的理智之爱”（amor dei intellectualis）的观点是一个重要的例子。在斯宾诺莎的本体论中，上帝是一个无限的实体，是可构建出的最伟大事物。在上帝之外，其他一切事物都是上帝的样式，如果没有了样式背后的实体，那么这些事物也都无法存在或被构建出来。因此，没有事物可以脱离上帝而存在，也没有事物可以脱离上帝而被构建出来。这也同样适用于我们可以爱和思考的事物。在对上帝的直觉之爱中，组成人类思维的思想与上帝思维中的思想变得相同了，人类便因为思想的特点而与上帝统一了起来。对上帝的认识就是人类思维的至善。

古印度人、新柏拉图主义者和斯宾诺莎分别拥有一套完全不同于阿奎那的形而上学，但都得出了相似的结论，这非常引人注目。这些哲学或宗教虽然在对太一、上帝或全部实在的解读方面存在非常明显的差异，但也存在共同点：它们都认为理解就是要融为一体，它们都有一个由第一个伟大思想驱动的志向。

在过去几百年间，认为人类思维可以通过与全部实在融为一体来实现至善的思想逐渐式微，但也从未消失，而且有时人们可以在意想不到之处找到它。举个例子，思考一下伯特兰·罗素的《哲学问题》中的最后一句话："我们研究哲学……首要原因在于哲学关注的是宇宙之伟大，通过研究这些伟大之处，我们的思维也会变得伟大，并可以与宇宙融为一体，正是这样的融合构建了宇宙间的至善。"毫无疑问，罗素用这样的语言来作为一本书的结尾更多是为了营造一种气势恢宏的效果，而不是严肃认真的表态。信奉无神论的罗素也绝不是另一个普罗提诺，或另一个阿奎那、斯宾诺莎。

尽管如此，依然让人着迷的是，人类思维可以理解宇宙以及这种理解是伟大的人类之善的思想从第一个伟大思想起源之时一直延续至今。在这个过程中，它历经形而上学、认识论和宗教信仰等领域的巨大变化都不曾消失。同样令人着迷的是，在不同的年代，在世界不同的地方，有那么多哲学家都将理解视为与理解对象的结合。思维对宇宙的理解把握，并不像用手握住门把手那样，也不像用身体拥抱另一个身体那样。思维没有边界，可以不断地扩展延伸，从而将它理解把握的实在包含进去。这就是第一个伟大思想的力量。

通过古希腊人，我们得到了宇宙是一个整体且具有理性秩序的思想。通过毕达哥拉斯学派和世界几大宗教，我们得到了存在一个超越的实在、人类思维也许可以冀望与它融为一体的思想。通过第一个伟大思想占统治地位时期的伦理学，我们得到了道德就是与实在和谐共生的思想，这个思想早在古希腊人之前的神话思想中便已出现，并在这一时期的思想中不断地传承延续。在建筑和文学领域，我们看到和谐与理性的结构可以非常迷人。第一个伟大思想在西方的衰落出现在人们不再相信自身思维可以理解一个比其自身更重要的、超越的实在之时。不过，人们并没有丧失对理性力量的信心，理性只是换了一个地方登场。我们将在下一章探讨这一点。

掠影　知识的统一：毕达哥拉斯、开普勒与弦理论

1595年7月19日，在奥地利格拉茨的一间教室里，站在讲台上的约翰内斯·开普勒突然灵光闪现，想到行星运动与音乐中音程的振动比例之间存在关联。和声法则是一切物体运动的基础，小到一根弦的振动，大到天体运动。循着这个突然闪现的想法，开普勒进行了多年研究和测量，最终发现了划时代的行星运动三大定律，也揭示出思维有能力将一个领域中的理性与另一个领域相关联。根据开普勒的理论，运动物理学决定了每一个行星的运动都会产生声音：运动速度越快，音调越高；运动速度越慢，音调越低。行星轨道上声音音调最低之处刚好是这颗行星的远日点，也就是行星在轨道上运动速度最低的点；音调最高之处刚好是行星的近日点，也就是行星在轨道上运动速度最高的点。因此，每一颗行星的轨道都是一个不同的和声。根据开普勒的计算，土星发出的是大三度，木星是小三度，火星则是五音。地球发出的是小二度。在《世界的和谐》的结语中，开普勒猜想太阳具有思维，它监督并聆听着所有的天体音乐。

开普勒在17世纪到来之际意识到的这一点，正是毕达哥拉斯在2000多年前构建的体系中的一部分。在这个体系

图 5　开普勒的行星和声概念

中，算术（关于数的研究）与几何学（关于空间中数的研究）、和声学（关于时间中数的研究）、天文学（关于空间与时间中数的研究）、伦理学（关于人类灵魂和谐的研究）相关联。一切存在的事物都可以用数和数之间的关系来解释。

斯蒂芬·亚历山大是布朗大学的一位天体物理学家，也是一位爵士音乐家和弦理论领域的革新者。亚历山大将自己对构成声音的波的认识归功于自己发展出的一个假设，也就是物理宇宙是一根巨大的弦，这根弦一直在持续而有韵律地振动，从一次宇宙大爆炸振荡到了下一次宇宙大爆炸，创造出宇宙可以发出的最纯粹的曲调。亚历山大表示自己是在毕达哥拉斯和开普勒的启发下开始认为宇宙可以演奏音乐。开

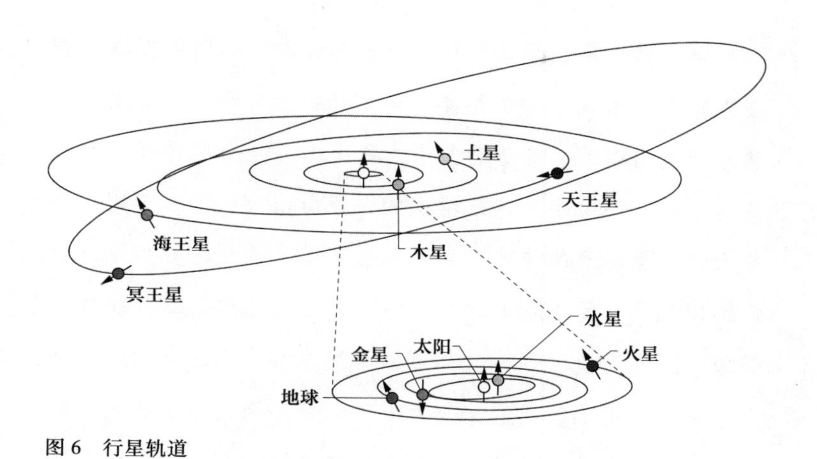

图 6　行星轨道

普勒认为有一个更高级的存在会在行星在轨运动时听到一种音乐。这种音乐是有记录的，不过，要把九大行星的全部音乐完整听一遍，确实需要花点时间（需要 264 个地球年）。然而，1979 年，耶鲁大学音乐教授威利·拉夫和钢琴家约翰·罗杰斯在计算机科学家的协助下，根据开普勒的计算结果合成出了天体音乐。合成后的天体音乐曲速很快，每五秒钟就代表一个地球年，这样人类的耳朵就可以感受到这些音乐了。这些音乐在你我听来很难称得上悦耳动听。水星的声音像是口哨，地球像是在低声呻吟，冥王星发出的是强烈的低音节奏，至于那些轨道不规则的行星，它们音调时高时低，就像警铃大作。整个音乐的效果让人久久不能忘怀。

毕达哥拉斯、开普勒和亚历山大让我们看到宇宙以一种迷人的方式形成了一个整体。毕达哥拉斯关于一切皆数的想法可能是错误的，开普勒关于太阳上有一个大脑监督、聆听着行星轨道的猜想可能是错误的，亚历山大认为宇宙是一根巨大而又振动着的弦的观点可能也是错误的，尽管如此，他们都发现了反复出现的模式，不管是在自然中，还是在数学领域，抑或是美学领域，都可以看到这些模式，它们遍布整个宇宙。很遗憾，我们总是执着于划分不同的知识领域，而不是专注于塑造能让第一个伟大思想保持生命力的思维。事实上，这才是能够带来人类思想革命的思维。

第三章

思维先于世界：第二个伟大思想的统治地位

（文艺复兴时期到20世纪）

巨变：哲学与经验科学的对抗

世界是一个整体的思想历经人类历史上的每一次思想革命仍屹立不倒。根据这一思想可以推断出，在人类的全部知识中一定存在一个统一体。“一个领域内的知识不会与另一个领域的知识存在冲突”，这只是一个无关紧要的观点，相比之下，“知识中存在一个统一体”是更为有趣的说法。这就是说不同领域的知识之间存在联系。有关自然的知识、有关人类的知识、有关道德的知识、有关数学的知识、有关上帝或超自然存在的知识，一切知识都是关联的，因为诸如自然、人类、道德、数学、上帝或超自然存在等知识所**关乎**的事物都是关联的。在中世纪，人类知识的宏大统一让一切已知科学都归结到被称为“科学皇后”的神学之下，接受她的领导指挥。然而，在我们现在所说的现代时期的开端，人们看待不同领域知识之间的关联时，角度发生了巨大变化，造成这个变化的是两次革命：宗教改革和科学革命。宗教改革终结了神学的中心地位，科学革命让科学占据了神学曾经的中心位置。两次革命都需要哲学的呼应。

16 世纪的新教宗教改革迅速引发了众多变化，其中有些出乎人们意料。布拉德·格雷戈里认为天主教与宗教改革者之间的教义之争在无意间使神学成了边缘化的思想，这又在无意间助力了科学的崛起。科学带来了研究自然的一种新方法，极大地扩展了我们对物理世界的理解；针对作为研究对象的自然，科学还创造了一种全新的解读。自然作为新科学的研究对象，自身没有意识，是一个封闭的因果体系，没有空间来与任何超自然秩序或其自身体系之外的任何事物进行互动。经验科学取得了引人瞩目的成功，神学则在给出毋庸置疑的知识方面遭遇了重大失败，这两个因素一起使神学在知识的等级结构中被经验观察与推理替代，后者似乎是在获取关于自然世界的知识时唯一靠得住的能力。到了 17 世纪，哥白尼和伽利略建立的新天文学使宗教权威和在几百年间一直统治欧洲的第一个伟大思想都毫无悬念地走向了衰落。在那个年代，除了科学和数学，其他一切都面临质疑。

哲学必须在这样一个世界里规划出一条路。

阿奎那和大多数基督教、伊斯兰教的哲学家都认为哲学是神学的引言。哲学研究的是能够通过自然推理获得的知识，神学研究的是自然获得的知识可以有哪些启示。哲学和神学都让我们了解上帝、了解这个世界，也了解我们自己。不过，随着神学的衰落和科学的兴起，哲学必须改变了。笛卡尔清楚地看到了这一点，进而对哲学进行了革新。他提出了一种新的方法，既可以为经验科学提供支持，又摆脱了思辨性的形而上学。在《第一哲学沉思集》开篇，笛卡尔便提出了这一点，而且容不得半点质疑：

> 几年前，我第一次意识到自己年轻时把太多错误观点当作正确的接受了，因此我后来基于这些观点所构建的一切都是多么值得怀疑。从那时起，我意识到如果我想在科学领域中有稳固而长久的建树，那么就必须把生命中的一切都夷为平地，回到最初的地方，这样才可以重新从底层基础开始构建。

笛卡尔关注哲学，因为哲学并未像新科学那样取得令人瞩目的成功；他同样关注科学，因为科学需要有认识论的基础。在全名为《谈谈正确引导理性在各门科学上寻找真理的方法》，通常称为《谈谈方法》的著作中，笛卡尔心怀遗憾地指出，尽管在过去的几个世纪里，许多人类最杰出的思想家都专注于哲学领域，但他们写下的一切都面临争议，至于“其他科学领域，只要它们的原理来自哲学，我认为人们就不可能通过如此不稳固的基础来构建出任何牢固的事物”。笛卡尔进而描述了什么才能构建出稳固的基础，并以三篇论文为例来说明他的方法，三篇论文的主题分别是光学、几何学和气象学。尽管没有特别公开说明，但笛卡尔其实想以自己的《第一哲学沉思集》为新基础来构建物理学，替代亚里士多德物理学。[1]

在从第一个伟大思想占统治地位到第二个伟大思想占统治地位的巨大转变中，笛卡尔是推动这场转变实现的主要人物之一。他通过其著名的怀疑的方法得出了唯一能让他自己感到确定的结论，那便是他的思维及思维的意识是存在的。笛卡尔《第一哲学沉思集》中的前两个沉思是人类历史上最重要、最有说服力的哲学作品之一。在短短几页之中，笛卡尔将哲学的起点从形而上学（存在什么？）变成了认识论（我能知道什么？）。到了沉思六的结尾处，笛卡尔认为他已经完成了为科学建立基础的任务，因为他论证了其思维和上帝是存在的，并且在此基础之上，存在一个外部世界。关于上帝的存在，笛卡尔分别在沉思三和沉思五中两次用他巧妙而精练的语言进行了论证。

因此，笛卡尔彻底改变了传统的认知顺序。他首先认识了自己的思维，然后是上帝，最后才是外部世界。对外部世界的认知要以对上帝的认知为基础，对上帝的认知又要以对自身思维的认知为基础。他的全部认知都来自对自身思维产生的思想的理解："我可以确定除非是通过我自身的思想，否则我无法获得对外部世界的认知。"[2]他对这一论述的论证使哲学开始专注于第二个伟大思想，并且一直持续了数百年。这一认知顺序产生了特别强烈的影响，有些哲学家甚至宁可完全放弃第一个伟大思想，也不愿意放弃第二个伟大思想的首要地位。[3]

第二个伟大思想对早期现代哲学的另一个重要流派，也就是18世纪英国经验主义哲学来说，也十分基础。约翰·洛克在其观念理论中提出，我们通过从经验获得的简单观念来构建出有关这个世界中事物的观念。思维试图通过将思维中的知觉片段组合在一起来反映这个世界。后来的经验主义者秉持的观点都由这个理论演变而来。我不会分析他们的差异何在，而是会探讨他们的共同之处，因为这对接下来人们理解经验科学的认识论基础产生了巨大影响。200多年以后，爱因斯坦在1936年的论文《物理与实在》中写道："物理直接论述的只有感觉经验和对不同感觉经验间联系的理解。"

他接下来描述了构建一个实在的外部世界所需的两个步骤。第一步是对感觉印象中的各类物体建立概念，第二步是给这些物体的概念赋予重要意义，这个意义独立于最初创造出这些概念的感觉印象。爱因斯坦表示，这才是当我们说物体真正存在时想要表达的意思。当然，不管是当时还是现在，并不是所有科学家都认可爱因斯坦这些形而上学的论断。我提到这一点是想表明洛克的观念理论不仅对后世的哲学产生了巨大影响，甚至融入了20世纪最高层次的科学实践中。

各种不同的经验主义在整个20世纪始终在哲学领域发挥着影响力，尤其是在英语国家。不过更为基础的思想，也就是思维首先理解其自身内容的思想，则拥有更为强大的影响力。这个思想来自并非经验主义者的笛卡尔。我在第一章中曾提到，思维首先理解其自身内容的思想已经被广泛接受，人们甚至不会意识到这个思想的存在。这个思想表达了关于思维与世界间关系的观点。根据这个观点，世界与思维界限分明，思维需要运用其自身内容和资源来反映世界。在17和18世纪，关于思维除了经验所得材料外还掌握哪些资源的问题存在争论，有些哲学家认为存在天赋观念，另一些哲学家则反对这一点。不过思维运用其自身材料来对这个世界构建概念的思想并未遭遇争论，甚至在20世纪末，这个思想统治了各种旨在与科学方法建立联系的思维理论。

心灵表征理论从以笛卡尔主义的形式出现，到披上经验主义者的外衣，经历了很长一段历史，尽管如此，它还是面临某些挑战。尤为重要的一点是，笛卡尔和洛克都发现这个理论要求对物体的第一性质和第二性质进行区分。笛卡尔提出物体的第一性质就是其具有的独立于思维的属性，诸如运动、广延、固态和数量等性质。关于第一性质的观念就像是存在于物体之中的属性。相比之下，第二性质是思维中的感觉，也就是诸如颜色、味道、声音、气味等属性，这些属性因观察者与观察对象之间的互动而产生。一个物体的颜色或味道并不存在于物体本身，而只存在于观察者的心灵中。[4]

洛克在意义深远的著作《人类理解论》中提出了自己的观念理论。根据这个理论，简单观念可以组合形成复杂观念，就好像原子或细胞组合形成物理实体的过程。我们无法创造简单观念，只能从经验中获得，我们把这些简单观念放在一起，获得越来越多的复杂观念。观念是知觉或思维的直接对象；一个实体的“特性”就是可以创造观念的力量。像笛卡尔一样，洛克也对第一性质和第二性质进行了区分。在下面这个著名的片段里，洛克描述了两者之间的区别：

火或雪各部分特定的体积、数量、形状和运动都真切地存在于这些部分之中，不管有没有人用感官来感知它们，它们都会存在，因此这些性质可以被称为真正的性质，因为它们真正存在与这些物体中。然而，明亮、炽热、洁白、冰冷并不真正存在于它们之中，就像疾病与痛苦并不存在于以色列人在旷野流浪40年间食用的吗哪之中。剥夺对它们的感觉，不要让眼睛看到光亮或颜色，不要让耳朵听到声音，不要让味觉感受到味道，也不要让鼻子闻到气味，这样一来，所有颜色、味道、气味和声音等特定观念就消失了，重新变成了产生这些观念的缘由，也就是火或雪某个部分的体积、形状和运动。

声音是第二性质的观念通过一个广为人知的谜题进入了大众的想象力。这个谜题是说，如果森林里的一棵树倒了，但是此时没有人在周围听到它倒下的声音，那么这棵树在倒下时到底有没有发出声音？大多数人都对这个谜题感到困惑，这意味着他们至少考虑过也许答案可以是否定的，大多数人同样也意识到，如果答案是否定的，物体的其他许多性质就要面临质疑了。这就是为第二性质的概念提供了基础的直觉感知。

乔治·贝克莱对第一性质和第二性质区别的攻击十分著名，它表明笛卡尔和洛克在尝试解释思维与外部世界联系时有多依赖这个区别。贝克莱主教认为所谓的第一性质其实像第二性质一样，具有感觉相对性，我们没有理由相信后者真正存在于物体之中，也就同样没有理由相信前者真正存在于物体之中。笛卡尔和洛克认为颜色和声音是相对于感知者而言的，他们有关这一相对性的观点也同样适用于硬度和运动。贝克莱还提出，根据洛克和认为观念代表着物体性质的哲学家们的理解，一个观念可以像物体的性质，但这种理解毫无意义。举个例子，对于硬度的观念不可能“像”硬度的属性，因为没有观念可以像物质的属性。贝克莱的结论是除了思维里的观念，其他一切都是不存在的：一脉相承的经验主义导致了观念论。

贝克莱并不是第一个批判第一性质实在论的人。在 17 世纪，莱布尼茨曾提出第一性质并未针对物理实体建立一个逻辑清晰的概念；皮埃尔·培尔则认为第一性质并不比第二性质更为客观。[5] 不过，贝克莱的批判产生的历史影响最为深远，包括影响了大卫·休谟的怀疑论。休谟得出的结论是，知识的终点是对观念的经验研究。[6] 贝克莱很聪明，他明白重点是要让人们注意到，哲学家在通过对比人们关于物理实体的常识性概念来描述科学所发现的物理世界时存在一个弱点。区别第一性质和第二性质的本意在于让科学的世界更加贴近我们的经验，但贝克莱认为这适得其反。常识性观点认为第一性质和第二性质都是物体真正的性质。贝克莱认可这一点，同时认为由于哲学思考迫使我们得出两种性质都存在于思维中的结论,那么可推断得出真正的物体存在于思维中。也就是说，原来观念论是支持常识的！在贝克莱《海拉斯与斐洛诺斯对话三篇》的结尾处，斐洛诺斯（也就是贝克莱的声音）宣称：

> 我付出的努力只是要把过去分别由粗俗之人与哲学家秉持着的真理合拢到一起，并让它更明了一些。粗俗之人认为直接感知到的事物是真正的事物，哲学家则认为直接感知到的事物是只存在于思维中的观念。把这两个观点放在一起，实际上就形成了我提出的主张。

看，贝克莱已经近乎把第一个伟大思想瓦解成为第二个伟大思想了。

自贝克莱以来，哲学家之间最重要的分歧之一就在于能否保留第一性质与第二性质之间的区别。即使是笛卡尔以来最为坚定的实在论哲学家，也都同意并不是物理实体所有可感知到的性质都存在于实体中，因此第二性质的存在是毋庸置疑的。哲学家们从那时开始一直争论的是**任何**可感知到的性质是否都存在于物体本身，或者所谓的第一性质是否像第二性质一样依赖于思维。在这个争论中，康德站在贝克莱一边，这是将思维与世界分离的关键一步：

其实早在洛克生活的年代之前，但特别是自洛克以来，人们通常认为外部事物的许多谓词性质并不属于事物本身，而属于事物的表象，它们在我们的表征之外没有真正意义上的存在——同时这一给定的观点没有影响外部事物的实际存在。比如，温度、颜色、味道就属于这类性质。现在，如果我再进一步，出于重要的原因，把实体其余性质，也就是那些所谓的第一性质，比如广延、位置以及广义的空间和属于空间的一切（不可渗透性或者说物质性，形状等）也列为事物的表象，那么绝没有人能举出不接受这一点的理由。

在这里，康德似乎把一个物体所有可感知到的性质都放到了思维里。然而，他马上就把自己的观点与贝克莱的观点进行了区分。在上述引文的前一段中，康德写道：

除了思维的主体，其他一切都不存在；其他一切我们认为是直觉感知到的事物都只是进行思维的存在的表征，事实上外部世界里并不存在与它们对应的物体。持

> 上述主张中的是观念论。相反，我说的是，作为我们感觉的对象、存在于我们之外的事物是给定的，但是我们对于它们本身可能是什么样子一无所知，我们只知道它们的表象，也就是它们通过作用于我们的感觉而在我们之内造成的表征。因此，无论如何，我都承认存在不依赖于我们的物体，也就是说，存在这样一种物体，我们虽然不知道它们本身的样子，但仍然通过它们作用于我们的感觉所产生的表征认识了它们。

在《纯粹理性批判》第二版中，康德将自己的主张称为“先验观念论”，区别于他所说的“先验实在论”（笛卡尔、洛克等），后者未能将表象的世界与事物本身组成的世界区分开来；也区别于“独断的观念论”（贝克莱），也就是认为一切物体存在于思维中。这意味着康德想用自己的主张在实在论和观念论之间开辟一条道路。

康德面临一个严峻挑战。休谟的怀疑论并不局限于外部世界事物的性质，而是扩展到形而上学的大部分领域和几乎整个神学领域，还动摇了自然科学，因为对外部世界的怀疑论得出的结论是并没有正当理由来支持“一切事件皆有原因”的基本自然法则。康德想要首先表明关于自然界中普遍真理的先天知识（a priori）是存在的，进而以此来支持科学。不过，康德同时认为自己通过表明先天知识的存在最终导致诸多矛盾而展现了思辨形而上学的虚幻。[7]接下来，康德的目标是建立一种可以配得上科学之名的形而上学，它既不是经验科学，也不是思辨形而上学，但可以表明为什么科学的判断和对日常经验的判断是合理的。[8]康德认为，要实现这一点，就要证明对时空、因果、实体和数量的判断都依赖于思维中的形式，而不是这些事物本身。我们可体验的世界从事物本身的世界中分离了出来，这两个世界总体上的分离拯救了科学与知识。科学的世界是前者，而非后者。康德之所以能够保留第一个伟大思想，是因为他把这个思想一分为二，分成了世界本身和人类思维可理解的世界。人类思维不可能理解前者，但可以理解后者，而这已经足以让我们获得知识。

当第二个伟大思想表达为“我们先理解自身思维，再理解世界”的观点时，第一性质和第二性质的区别就成了区分思维内容与外部世界的关键一步。笛卡尔和洛克认为无思维的世界里有第一性质而没有第二性质。他们区分两种性质的方式遭到了攻击，但区分两种性质的思想在广阔的哲学地带中生存了下来，尽管也遭受了贝克莱和康德的攻击。究其原因，这个思想带来了一个令人兴奋的迹象。如果思维的内容以关于第一性质、第二性质及两者混合体的简单观念为起点，如果关于第二性质的观念可以被解释为以物体的第一性质为原因，那么对物体第一性质的解释就可以成功解释物质世界和存在于这个世界的人类思维。

这显然是一项艰巨的任务，但很快人们便发现这很符合自然主义形而上学。根据自然主义形而上学，物理学可以衍生出生物学，意识可以用演化生物学来解释——这种观点在达尔文之后变得越来越受到青睐。伯纳德·威廉姆斯在1978年出版的名作《笛卡尔：纯粹探究的计划》中描述了这一探究可能的走向。威廉姆斯认为只要我们之中有人有知识，那么就一定存在一种逻辑清晰的表征来反映不包含意识的整个世界，也一定存在一个更广泛的概念来解释我们每个人的思维是如何与物质世界发生关联、又是如何形成不同表征的。这就是威廉姆斯所说的“实在的绝对概念”。威廉姆斯表示，当我们形成了这个概念，我们就完成了现代早期哲学家区分第一性质和第二性质的任务。在这两者之中，是第一性质而非第二性质表现了物质世界真正的样子。在这本书结尾处，威廉姆斯提出是哲学清楚地表明了为什么自然科学可以是有关事物原理的绝对知识，而社会科学和日常感知经验不可以；是哲学告诉我们在让我们得到关于整个世界的概念的过程中科学处于怎样的位置。哲学告诉我们科学带来了绝对概念。[9]

一边是“科学可以给予我们关于第一个伟大思想的满意形式”的观点，一边是笛卡尔和洛克想要通过我们的思维去理解世界的渴望，看看威廉姆斯是如何把二者无缝连接起来的很有意思。我们对世界的体验都被归结为对第一性质和第二性质的体验。前者是客观的，后者则是主观的。前者是基础，后者起源于前者。如果经验科学可以成功通过物理学来描述前者，可以解释第一性质如何创造了能够意识到其自身和以各种形式呈现的世界的存在，以及更进一步，可以解释这些存在的意识状态之间的不同之处，那么我们就将得到一个有关世界的概念。威廉姆斯认为这个概念将会像我们所能得到的有关世界这一整体的知识一样完整。

然而，相比于笛卡尔和洛克所理解的第一性质，当代物理学的第一性质有一个重要的不同之处。在17和18世纪，第一性质是可由人类思维不借助任何辅助措施就能感知到的，并且与普通人对世界的认识紧密相连。正如18世纪的经验主义者指出的，普通人认为第二性质也是世界的一部分，不过只要无思维的世界包含了第一性质，那么经验的世界看起来就不会与无思维的世界相距太远。然而，如果无思维的世界是当代物理学所发现的世界，也就是一个与普通人所认识的世界根本没有任何关联的世界，那么情况就会相当不同了。在这个世界里，存在没有质量的物理粒子，也存在不占空间的粒子。坚固性是笛卡尔和洛克认定的第一性质，然而普通物体其实大都是空空的。我们的主观世界与物理学的客观世界之间的差异加剧了。尽管如此，威廉姆斯几乎不需要论证就让自己根植于物理学的绝对概念在 1978 年说服了读者。在接下来的几十年间，“物理学可以为我们提供一个包罗万象的理论”的思想被广泛接受。结果到了 2012 年，当托马斯·内格尔攻击这一观点时，自然主义者发起了声势浩大的反击。从思想史的角度来看，第二个伟大思想带来的探究自然世界的方法如何最终成为公认的第一个伟大思想的表达形式，是一个令人着迷的故事。同样令人着迷的是这个过程遭遇的种种阻力。我将在第五章再次探讨利用科学数据构建一种关于一切的观点。

笛卡尔向第二个伟大思想的转向使得哲学在接下来的数百年呈现出许多关键特征，使其变得有别于在此之前两千年里的哲学。“我们先理解自身思维再理解世界”的思想带来了心灵表征理论，带来了客观与主观的区分，最终带来了“很多主观世界都来自不包含意识的客观世界”的思想。世界与思维的分离让人禁不住倒向怀疑论或观念论。黑格尔和德国观念论者选择了拥抱观念论。尽管他们这一派的哲学与贝克莱或笛卡尔的观念论都非常不同，但他们的目标相同，都是要为科学提供一个哲学基础。谢林更进了一步，试图为观念论提供一个科学依据。黑格尔计划将自然哲学和精神哲学统一于他所说的“实在哲学”，这意味着将自然哲学、文化哲学和经验科学混合在一起，形成一种通用科学。[10]

自科学革命以来，欧洲哲学一直用与科学的关系来定义自己，由于东方哲学中从未出现过这种情况，东西方哲学的差异便因此固化下来。北美印第安哲学与伊斯兰哲学等传统同样没有用与科学的关系来定义自身。伊斯兰教从未这样做过，尽管通往现代科学的基石正是中世纪穆斯林取得的那些进步。我将在下一节提到的透视几何学的发现，便是其中一个实例。伊斯兰教从来没有因为一次宗教改革而失去在文化领域的威望，也从来没有经历一个让第二个伟大思想取代第一个伟大思想的“启蒙运动”。在西方世界之外的文化中，经验科学从未成为两个伟大思想的驱动力量，哲学的功能也与在西方文化中不同。在这个世界的很多地方，两个伟大思想之间的关系比它们在西方历史上的关系要和谐得多，一直牢记这一点将很有帮助。当然，我们要活出自己的历史，然而，当我们面临内在冲突时，其他叙事可以让我们看到自己可能从未考虑过的选项。我不会在本书中深入探讨这些叙事，不过，我也会偶尔试着提醒我们自己这些叙事的存在。

艺术与主体性的兴起

17 和 18 世纪的哲学最为关注的是个体思维，并在此基础上构建有关世界的概念，这些概念被认为比前现代时期的概念更为可靠。不过，总体上来说，当时的哲学都缺少第二个伟大思想兴起的最重要的特征之一，也就是每个个体主观经验具有独特性的思想。主体性的革命首先出现在艺术领域，而非哲学领域。相较于标榜写实的文化形式，艺术与文学具有更强烈地表达创作者个性的潜力，这也正是艺术与文学史和科学或哲学史间的一个差异。据说爱因斯坦曾表示：如果他没有提出广义相对论，那么早晚也都会有人提出这个理论；但如果贝多芬没有谱写出 C 小调第五交响曲，那么绝不会有另一个人谱写出这个曲子。[11] 爱因斯坦这番话也可以针对艺术层次低一些的作品，尽管也许当艺术层次低到一定程度时，艺术作品表达的也就不是某个个体的个性了。描摹刺绣作品图样或讲老故事也许可以算是这方面的实例。[12]

我认为这意味着艺术与文学尤其适合在不受第一个伟大思想约束的情况下表达第二个伟大思想。我在前面已经提到宗教改革，提到由黑死病灾难引发的社会分裂，也提到现代科学的兴起，三者都是导致第一个伟大思想瓦解、第二个伟大思想兴起的历史力量。面对战争、瘟疫等灾难经历，对那些一直守护自己的世界观的权威失去信心时，有些人会用暴力来应对，有些人会拿起笔来书写，还有些人会用艺术来表达自己。几千年来，人们用艺术和文学来表达一种对世界的观点，这是一种由他们周围所有人共同秉持的观点，一种定义了整个文明的观点，不过，从某个节点起，大概是 15 世纪的佛罗伦萨，艺术开始表达艺术家的内在而非外在。当艺术开始表达自我，自我成为文化意识的对象。在文学领域，小说成为表达自我的基本形式，我将在下一节把小说作为现代时期的独特产物来讨论。在这一节的剩余篇幅，我将关注艺术与建筑领域的转变。

我在第一章中提到过，透视法的发现对于艺术来说是自我进行表征的一个重要辅助，让人们得以从不同视角进行视觉描绘。14 世纪初，出现了最早尝试直线透视法的人，乔托便是其中之一，尽管他并没有一套系统的方法来完全实现直线透视。到了 15 世纪，阿拉伯人在光学和透视几何学领域的发现传入佛罗伦萨，布鲁内莱斯基运用这些发现创造了一个系统的透视理论。根据这个理论，向远处延伸的平行线将交会于一个消失点。布鲁内莱斯基进行了一个著名的实验。他为佛罗伦萨洗礼堂画了一幅画，人们看到这幅画时，都无法判断这是画还是真正的建筑。[13] 透视法形式特征的发现在绘画和建筑领域引发了革命。有史以来第一次，艺术家可以在平面上描绘出人们眼中的三维事物了，而且在这个过程中，艺术家还可以自由选择视角。

人们常说这个发现改变了人们对实在的看法，至于原因何在，并没有那么显而易见。下面是一个猜想。我们试图对我们所看到的进行表征，但我们所看到的以及我们对它们的看法又会受到他人表征的影响。当视角可以通过视觉呈现时，我们更有可能意识到视角。无论如何，透视几何学的发现和哥白尼的新科学最终共同造就了不存在特权视角的思想。人们开始认为，既然我们已经知道我们的星球并不是宇宙中心，那么也就没有理由认为我们的个人视角相比于其他视角居于更为中心的位置。将这个思路继续延伸，最终有些人形成了“不存在对这个世界的客观描述，不存在胜过一切人类个体视角的上帝视角”的观点。当然，从人类经验依赖于视角并不能得出不存在客观实在的结论。不过，当“我们体验实在”的思想瓦解后，便直接出现了主体性与客体性的对立，这个二分法在人类文化各个领域中都变得极为重要，在艺术领域也不例外。

19 世纪的艺术史学家雅各布·布克哈特发现了（或者说发明了）“文艺复兴”，认为这是一个独特的历史时期。这个时代的名字很快就变得十分常见，布克哈特还对到底是什么让这个时代与众不同进行了评判，这一评判时至今日仍然是这个问题的标准答案。根据布克哈特，中世纪的世界观在文艺复兴时期遭到了颠覆，取而代之的是对古希腊文化，对自然，尤其是对人体之美的欣赏，这一切都让人们体验到了个体的解放。布克哈特在他的名著中用下面这种尤其生动的方式描述了这个过程：

> 在中世纪，人类意识的两个面，也就是向内的一面和向外的一面，都戴着同一块面纱躺着做梦或半梦半醒。这块面纱由信仰、幻象和孩子气的偏见交织而成，透过这块面纱，这个世界与人类历史看起来覆盖着奇特的色彩。人只能在某些笼统的范畴中意识到自己，比如意识到自己是某个种族、某个民族、某个党派、某个家庭或某个社团中的一员。[14]这块面纱首先在意大利渐渐消融，对国家和对这个世界中一切事物的**客观**把握和思考成为可能。与此同时，**主观**的一面也通过相应的重点来彰显自己；人变成了一个精神上的**个体**，也能够认识到自己是这样一个个体。（**强调的字体**出自原文）

在这段引文中，有几个点都很有趣。其中一点是布克哈特注意到客体性思想伴随主体性思想出现，这一点在本书中将多次出现。不过，他真正的兴趣在于通过与中世纪对比来赞颂15世纪的意大利。抛开布克哈特一直坚称的“黑暗时代”（布克哈特用这个标签来指代从古典时代晚期到15世纪的意大利之间的整个历史时期）的偏见，在我看来，他描述了从第一个伟大思想的中世纪表达形式占统治地位，向第二个伟大思想及第一个伟大思想的其他表达形式兴起的转变过程。不管人们如何看待布克哈特对中世纪的评判，从15世纪的意大利开始，人类意识确实发生了重要变化。这些变化首先在艺术领域得到了体现。艺术不再是一个表达共同世界观的集体项目，而变成了个人天赋与才智的产物，表达独特而又原创的观点。艺术家在意的是，自己的作品是个人思维的产物，在艺术作品上留下签名成为更为普遍的做法。艺术家的个性通过作品体现了出来，这让原创性成为一项重要价值，而在过去，如果认为个人的个性比流传了几个世纪、定义了整个文明的传统还重要，就会被视为傲慢。原创性强调作品与作品间的差异。艺术作品的原创性越强，对艺术家个性的表达就越多；它对艺术家个性的表达越多，对所处时代的共同观点的表达就越少。到了16世纪末，第一个伟大思想的基督教表达形式已经无法再将已知的艺术和科学领域统一在一起了，艺术完全成为一种内在的力量。埃米尔·马勒认为13世纪的法国艺术充分表现了整个文明，相比之下，三四百年后的艺术却几乎没有向我们透露任何那个时代的思想。

原创性和反传统仍然受到高度重视，也许现在比以往任何时代都更为如此。可以把戴尔·奇胡利的艺术玻璃与威尼斯玻璃对比一下：前者蕴含了原创性和自由精神，后者则秉承精致传统，其艺术家的创作目的就是要把传统最美好的形式固化下来，而不是要表达个体的想象。对比爵士乐的即兴创作与古典音乐，或者对比1970年代爱丽丝·沃特斯这样的先锋厨师与某个米其林三星餐厅里的传统法式大厨时，都会出现同样的情况。我们在社会中保留了两种价值，而且出于多种目的的考虑，也确实有两种价值存在的空间。不过，两种价值起源于对于思维在宇宙中位置的不同看法。几千年来，原创性一直没有任何价值，让艺术传统不断趋于完美才有价值。创作出可以代代流传的作品一度非常重要，不过后来也逐渐变得不那么重要了。如果你要创作一件可以流传后世的作品，那你就需要有信心，未来的欣赏者可以体会到作品创作当下的欣赏者所体会的。如果艺术作品表达的是你自己或是某种你并不指望永久流传的原创美学，那么你可能就不会在意这个作品是否会代代流传。

建筑风格拥有悠久的历史。这些风格会发生变化，其中有社会和技术原因，也有意识形态和美学原因。建筑对第二个伟大思想的表达只有在适宜的社会与技术条件下才能攀上顶峰，正如有了20世纪晚期的社会与技术条件，弗兰克·盖里才得以设计了古根海姆博物馆。在第一章结尾的掠影里，我把古根海姆博物馆与罗马万神殿作为两个伟大思想的视觉呈现进行了对比。万神殿建在帝国的中心，意在彰显帝国的荣耀；古根海姆博物馆在建造之时没有以融入周围环境为目标，而恰恰是想要形成对比。毕达哥拉斯学派的象征体系被植入万神殿，盖里在建造古根海姆博物馆时则有意识地违反形式与对称的法则，这使博物馆的建筑难度变得很大，因为物理法则偏爱的建筑都有笔直而又垂直的墙、平坦的表面，没有曲率或钝角。古根海姆博物馆的建筑最大限度地表达了个体的想象，并且一落成便大受欢迎，这意味着人们乐于看到在客观世界物理法则的限制之下，主观世界能得到多大程度的表达。许多梦幻的建筑都可以成为现实。

自文艺复兴以来，艺术风格一直在变得丰富多样，远远多于过去整个艺术史中出现过的风格。尽管现代时期常常遭到批评，但我不认为有人会否认现代艺术的魅力。[15] 艺术风格快速迭代变化，但同一时期的不同风格之间都有一些共同点，使它们区别于在此之前的风格。始于600年前的创造性浪潮受到自我思想的兴起和对这一思想的重要性的信心驱动而爆发。我并不是说艺术家表达的客体一定是自我；事实上，通常都不是。然而，在艺术领域，对自我的发现让艺术家可以用想象来表达自己的所见所感，而不需要受制于对现实的常规观点。在第二章，我讨论了巴赫金“伴随着现代小说的是对意识的重新定位”的论断。这种重新定位也让几乎无数种艺术风格成为可能。这主要是因为自我的两个特征：自我会发生变化，以及自我是独一无二的。巴赫金强调了前者，我强调后者。自我的两个特征都在艺术中得到了表现。

小 说

巴赫金表示小说代表着人类意识的一次革命，但并没有给出革命开始的时间。威廉·埃金顿认为早在笛卡尔的《第一哲学沉思集》问世30多年前，这场革命就已经爆发，当时塞万提斯出版了《堂吉诃德》，引起了爆炸性反响。普遍认为这本书是第一部现代小说，也是人类历史上最有影响力的小说之一。2002年，挪威诺贝尔研究所对全世界54个国家的100位杰出小说作家展开了问卷调查，请他们选出历史上最重要的一部文学作品，其中超过半数的作家都选择了《堂吉诃德》。没有哪部作品能望其项背。[16] 这个结果让我十分惊讶。如果换作是在几十个国家问一群哲学家，请他们选出历史上最重要的一部哲学作品，我无法想象还能得到如此高度一致的结果。塞万提斯显然做了一件意义重大之事。埃金顿认为塞万提斯发明了我们现在所说的小说，这让他为现代世界的诞生贡献了一份力。

夸张总会让人觉得有趣，至于是否可以将小说的诞生完全归功于塞万提斯，也值得商榷。不过，毫无疑问，塞万提斯影响了人们看待这个世界的方式。究竟是哪里不同了？埃金顿认为塞万提斯发明了人物，这需要创造一种新的文学形式。埃金顿所说的人物是指一个想象出来的形象，似乎跟真人一样，又与其他任何人物都有所不同。让每一个人物与众不同的是他们各自独特的视角，读者可以代入这些视角，用这些人物的眼睛去看世界。桑丘·潘沙和堂吉诃德的视角无法融合，简单的桑丘·潘沙不苟言笑，却常常一语中的，给堂吉诃德关于骑士精神的种种古怪幻想作陪衬。尽管如此，他们仍然相亲相爱，读者与两人都可以产生共鸣。“当我们阅读一部小说时，我们既在故事之内又在故事之外；我们既是自己，根植于我们自己对这个世界的看法中，又是某个他或她，也许非常不同于我们自己，感受他或她如何生活在一个与我们的世界极为不同的世界里。”埃金顿指出，这让我们认识到区分真实与想象的能力。这种能力之所以有效果，是因为一个想象出来的但又有可能成真的世界为我们提供了一个有利位置，让我们可以更容易地区分真实与想象。在小说想象的世界之内，我们很容易就可以把真实与想象区分开来，因为堂吉诃德让我们看到了那个世界里的失败是什么样子。这让我们对自己有所领悟，因为我们如果不把自己想象成别的样子，就无法发现自己的错觉。只有想象出自己有另一个不同的视角，我们才能意识到自己其实有一个视角；只有与另一个更好的视角两相对比后，我们才能发现某个视角是虚幻的。堂吉诃德很滑稽，因为读者拥有了一个更好的视角来看待现实。此时，我们读起堂吉诃德的故事会大笑，而在 1605 年，《堂吉诃德》第一部分出版后，众多读者也觉得这个故事令人捧腹。[17]

嘲笑堂吉诃德就是承认现实与想象的区别，现在，我们认为这种区别非常明显，尽管我们并不总是能准确地区分两者。然而在过去，这种区别并不总是那么显而易见。根据富兰克弗特夫妇，在神话思想中，古代人把影响人类生活的一切，包括梦境和想象，都等同于我们现在喜欢说的现实世界。同时，富兰克弗特夫妇认为古希腊人最先区分了真实与想象，但塞万提斯更进一步，形成了可以由不同的人产生不同体验的客观现实的思想。他把这种区别刻画得很滑稽，从而巧妙地让它在人们的思维中得到强化。[18]

我们对客观现实太习以为常，因此在意识到如果不是与主观现实形成对比——也就是如果不是以在第二个伟大思想兴起后才变得重要的一种差异为背景——那么客观现实将毫无意义后，我们会感到非常吃惊。埃金顿表示西班牙语中对“现实”一词有记录的使用，最早出现在《堂吉诃德》第一部分出版两年后。16 世纪中期，“现实”一词和它的同源词开始进入英语和其他欧洲语言，在这个过程中，科学革命无疑起到了推波助澜的作用。如果说古希腊人发明了历史与诗之间的区别，那么塞万提斯就让我们看到了我们是如何让现实渗入自身思维的，同时他也为第二个思想成为伟大的思想提供了助力。在让他人的内心世界栖息于我们的想象成为可能时，第二个思想真正成为一个伟大的思想。有了小说，对个体视角的描绘就成为可能，这样一来，小说的发明就像是艺术领域中透视法的发明了。

是什么让小说这种文学形式能够比史诗或戏剧更好地描绘个体意识的独特性？巴赫金说崇高的史诗英雄没有深邃的内在生命力，但看起来是一个已完成的形象，代表着整个文化的价值。小说恰恰相反，它跟随着人物的意识，充满活力，又尚未完成，与叙事的时间紧密相连，还可以穿透人物的主体性，重新思考人物。史诗的创作冲动来自国家记忆，小说的创作冲动来自持续变化的体验和知识。在小说中，巴赫金说：

一个个体无法完全化身为某个现有社会历史范畴中

的肉身形式。没有哪个形式可以完全彻底地体现个体的一切人类潜能和需求，个体无法像悲剧英雄或史诗英雄那样直到用尽力气说完最后一句话之时都以同一种形式出现，也无法刚好完全撑起一个形式而又不会满溢出来。这其中总会有未能实现的额外的人性。

在小说中，外部世界与人物的内在世界之间存在一种冲突，这在一切都外在化了的古希腊史诗中从未出现过。这种冲突让个体的主体性得以成为实验与表现的对象。小说具备当下的关键特征，也就是当下的开放性；我们与不断发展变化的现实之间有直接的关联。我们可以随着小说中人物的经历与这些人物产生共鸣，既可以从人物本身的角度也可以从他人的角度去体会人物内心的想法、人物的选择、感受和行为，因为在这一切发生的过程中，我们都有一个内在视角。[19]

到了 18 和 19 世纪，小说成为最重要的一种文学形式。在 19 世纪晚期，关于小说，阿图尔·叔本华（他以“艺术哲学家”的身份而闻名）写道：

小说属于高雅、卓越的阶层，它反映的内心生活越多，反映的外在生活就越少；两者之间的比例可以作为评判一部小说的方法，适用于任意类型的小说，从《项狄传》到最粗俗、最耸人听闻的骑士传说或强盗故事。事实上,《项狄传》中根本没有外在行为,《新爱洛伊丝》和《威廉·迈斯特的学习时代》中的外在行为也不多。甚至是在《堂吉诃德》中，外在行为都相对较少，仅有的那些行为都只是为了增加小说的趣味性才出现。以上四部作品是现存小说中最好的四部了。

这与亚里士多德形成了多么鲜明的对比！两人间的差异并不仅仅在于亚里士多德从未考虑过小说，而在于他似乎对叔本华描述的这种文学形式毫无兴趣。亚里士多德赞颂“诗”，因为诗表达的是共性。小说的人物有趣，因为他们展现了不同类型的人。亚里士多德和叔本华对于文学应有的形式有不同的看法，因为他们对于思维与世界间的关系具有完全不同的认知。

能够走进并跟随他人主观经验的能力与抓住自身思维的能力有非常重要的区别。我们知道，如果忽略了对个体自身主体性的理解，第一个伟大思想就是不完整的，但是如果忽略他人思维的主体性,那么两个伟大思想就都是不完整的了。主体间性在人际关系中为人们所体会，并在小说和电影中被生动地表达出来，不过其文化地位还未能与现代时期人们自身的思维比肩。在理解客体性与主体性间关联的过程中，我们会遇到巨大的难题，这是现代时期开启以来最棘手的问题之一。也许,对主体间性的研究将有助于我们解决这个难题。如果随之而来的解决方案成了一个核心思想，那么也有可能推动文明的进步。我将在第六章讨论这种可能性。

自律与道德持续变化的基础

体系化的道德哲学进入人类历史之时，大约也是人类开始系统把握第一个伟大思想的其他形式之时。在第一个伟大思想的地位跌落谷底、第二个伟大思想逐渐崛起后，道德的基础遭到了威胁。不管是对极力维护第二个伟大思想优势地位的人来说，还是对保持传统、决不肯放弃第一个伟大思想的人来说，这一点都显而易见。人们需要在一个完全不同的基础之上创造道德。当然，人们时常会想到完全放弃道德，但几乎从来没有长时间认真考虑过这个选项。道德，无论是什么样子，都是重要的。

当第一个伟大思想居于主导时，道德意味着与世界和谐共生。宇宙被感知为一个整体，具有理性的结构，这种结构决定了宇宙的物理法则和道德法则。理性是一种力量，我们听从于它，因为理性具有天然的权威性。当第二个伟大思想变得重要起来，理性仍然具有重要意义，因为它是权威的基础，不过，此时它已经存在于个体意志之中了。物理宇宙具有数学结构的前现代思想保留了下来，但毕达哥拉斯学派的思想，也就是这种数学结构也反映在人的灵魂与社会中的思想，则不复存在。道德的基础变成了个体的自律，而不再是与宇宙和谐共生。

在前现代道德哲学向现代道德哲学转变的过程中，最重要的一位哲学家是康德。与在他之前的哲学家一样，康德对思维与世界之间关系的观点决定了他的道德观。在《纯粹理性批判》开篇，康德谈到需要一场新的哥白尼式革命，在这场革命中，就实在的范畴而言，思维排在外部世界之前。[20]这个范式转移明确地要求第二个伟大思想占据首要位置，同时，在康德的著作问世前的那个世纪，这个范式的转移对道德的概念化产生了深远影响。施尼温德在著作《自律的发明》中对此进行了精彩的描述。施尼温德认为道德的新基础主要由一群有神论者缔造，这些人认为在宗教冲突的世界里，有必要强调人们的道德能力。施尼温德认为改变道德基础的原动力并不是要摒弃基督教世界观，而是意识到了道德的基础必须是每一个人都可以接受的。此时已经无法再想当然地认为，道德源自一个人在一个由上帝创造、照料且具有理性秩序的世界里所处的位置了。

到了18世纪初期，自我的首要地位已经生了根。艺术与文学已经发生了变化，笛卡尔已经影响了整个欧洲哲学，因此，自我成为道德的新基础就一点都不让人惊讶了。根据新的思想，权威并非植根于个体外部的事物，而是植根于自我治理。一旦人们认为人类共同的天性并不具有任何道德上的重要意义，并换了一种全然不同的方式去看待道德，去评判以自我的权威为基础的公民社会应有怎样合理的成分，那么人的自我发展，或者说对人类天性的满足，就不得不遭到抛弃，不再是道德生活的目标。在个体对自身的权威最终成为道德的基础后，社会契约便成为道德的表现形式。道德产生于自我治理的个体间形成的契约约定，而不是来自对宇宙道德秩序的遵守。

对于第二个伟大思想对道德的影响，可以从两方面进行解释。就自我的思想而言，伴随它的是主体性的思想。不过，正如我在前面提到过的，如果没有客体性思想，主体性将没有任何意义。随着艺术中出现了透视、塞万提斯在小说中引入了不同人物的视角，客观和主观的区别便出现了，在此之后笛卡尔用这种区别彻底改变了哲学。然而，在笛卡尔和其思想继承者的手中，这种区别固化成了一种二分法，区分的是人类从自身内部向外看到的世界与没有人类思维的世界。由于现代科学发现了后者的特点，客体性就被认为是客观的、必需的了。到了道德领域，看起来唯一可以替代道德主体性的就是客体性，这里的客体性就是科学是客观的那个意义上的客体性。接下来，似乎可以推断得出道德必须独立于一切关于非必需的人类天性或人类欲望的形而上学框架或背景。注意一下，如果这就是让道德变得客观所需要的条件，那么亚里士多德基于美德和人的自我发展的道德就无法实现客体性。不过，亚里士多德的思想也并不主观，因此便无法被归为现代二分法的任何一边。这让很多现代读者在理解古代和中世纪道德原则时遇到了困难，因为我们已经非常习惯在面对一切时，认为它们要么属于我们思维中的世界，也就是我自己的主观世界，要么属于独立于一切人类思维的世界，也就是客观世界。

康德清楚地意识到了主观与客观这种令人不安的二分法。他想让道德既是主观的又是客观的：他将自我作为道德的基础，但同样希望道德因为其必要性而具有威力。康德认为只有义务的概念具备形成必要性所必需的形式特征。然而，一旦哲学家不再相信基于有关人类天性的实质性假设而建立的规范具有客观性，义务就必须变成与程序有关的。[21] 义务与程序之间的关联内嵌在社会契约的理论结构之中——这种理论形式在构建之时便既是一个道德理论，又是一个政治理论。作为道德理论，它对存在于个体意志之中的道德义务做出了合理解释；作为政治理论，它提出被统治者的认可是政治权威的基础。这样一来，在道德经历了概念重构的现代时期，政治理论也发生了改变。在这个过程中，有三个重要方面，它们之间存在一种关联：

（1）道德因为其必然性而具有威力。
（2）基础的道德概念不是人的自我繁盛或美德，而是义务。
（3）义务来自个体的意识，并通过个体获得其权威。这些个体与他人之间的契约形成了公民社会的基础。

这些变化意味着公民社会围绕保护个体权利而非社会和谐来而进行组织，而这些保护给他人带来了强制义务。道德中的这一切变化都与第二个伟大思想的崛起和伴随其出现的主客观二分法相关联。也许这些变化过于抽象，对于努力在 21 世纪好好过日子的普通人来说毫无吸引力可言。不过，我相信，就某些陷入激烈争论的政治问题而言，这些变化将有助于解释有关困惑，我将在下一章论证这一点。

在现代早期，对道德的理解出现了相当激进的变化，尽管如此，仍然有些方面并未发生改变。我在上一章结尾处曾提到，不管是在第一个伟大思想占主导地位的时代，还是在第二个伟大思想占主导地位的时代，人们都相信理性是最重要的，不同的只是对理性所处位置的认识。古希腊人认为理性弥漫在整个宇宙结构之中；中世纪的哲学家认为理性存在于上帝的思维中。第二个伟大思想崛起后，理性存在于人类个体思维中。因此，第二个伟大思想崛起的主要结果之一便是对理性及其在宇宙中所处位置的信念发生了变化。不管是在第二个伟大思想崛起之前还是之后，理性都被认为是权威的栖息之所，因此理性所处位置的变化同样带来了权威的位置变化。古希腊和中世纪的观点是人们自我治理的范围仅限于他们在支配着宇宙的理性之中能分到的那部分理性。后来，这个思想被替代，新的思想认为支配着人们的终极权威是人们自身。因此，自我治理从一个人在宇宙的支配力量中所分得的部分转变成了根据个人意志来对自己进行管理。在这个转变过程中，自我治理得到了一个新名字："自律"。

康德试图论证"个人的真正自我**是**其理性的意志"，从而把"权威栖身于理性"的古代思想与"权威栖身于自我"的现代思想结合在一起。然而，哪个思想更为基础呢？康德的观点是：我应该听从于自己的理性意志，是因为我的理性意志是**理性的**，还是因为我的理性意志是属于**我自己的**？[22] 如果是前者，那么理性仍然是最基础的权威，我们就需要解释为什么对于我们自身来说，我们自己的理性比他人的理性具有更特殊的地位。如果是后者，那么就无法解释为什么"我的意志是理性的，而不是非理性的”这一点是重要的。事实上，这恰恰就是对康德论断的最终解读。到了 19 世纪浪漫主义时期，理性本身遭到了攻击。

在伦理学和形而上学实现从以世界为中心到以人的思维为中心的哥白尼式转变的过程中，康德也许是最主要的推动力量。但是，拉开一段历史距离，我们可以看到关于权威的前康德思想逐渐滑落到了将权威与人的理性分离的后康德思想。在这个滑落的曲线中，并非每一个阶段都十分陡峭，但曲线的底端已经非常不同于顶端。在第二个伟大思想崛起前的漫长岁月里，最先占主导地位的思想是权威栖身于理性，也就是栖身于宇宙中的一种力量。到了某个时刻，很有可能是在中世纪后期神命论出现之时，权威的基础变成了理性的**意志**。[23] 康德接下来提出作用于我自身的权威根植于我自身的理性意志。最终，在后世的哲学中，权威的基础变成了**我的**意志，无论理性与否。第二个伟大思想的摇摆可能出现在第二步，不过，即使是到了第三步时，康德仍然想论证普遍理性**附属于**我的意志，从而让权威既根植于普遍理性又同时以个体的理性意志为基础。康德是两个伟大思想对抗中的一个关键人物，因为他巧妙地尝试了同时保留两个思想，不过，历史做出了裁决，第二个伟大思想胜出。

第二个伟大思想在当代康德道德思想中占据了重要地

位。在这一方面，克里斯蒂娜·科斯嘉德的理论是一个很好的例子。科斯嘉德直接切入了作为权威基础的自我与理性间关联的问题，认为自我对于其自身的权威并非来自一个理性意志的权威；事实上，理性具有权威是因为理性是自我为治理自身而必须制定的规则。自我是一种具有管理决策功能的存在，鉴于自我意识运作的方式，自我这一存在必须控制自身。理性的规则是一个对自我有意识的存在所具有的规则。理性不是最重要的，最重要的是对自我的意识。在科斯嘉德的理论中，第二个伟大思想无疑战胜了第一个伟大思想。这是对康德的致敬，因为有了康德的聪明才智，他的后来者才可以走上一条不同的道路。我认为从两个伟大思想的视角来读康德将会很有帮助，因为它揭示了不同的思想气质不仅对文本解读产生影响，也影响了当代作者对于什么样的道德理论才具有吸引力的认知。

当第二个伟大思想的崛起创造了主客观二分法时，康德想让道德是客观的。但此时，在大卫·休谟的影响下，“道德是主观的”也成了很有影响力的思想。休谟留下的最著名财富之一便是“实然”与“应然”的二分法。休谟认为，一切表达**是**何种情况的句子和一切表达**应该是**何种情况的句子处于不同的逻辑层面，因为是何种情况肯定要么是直接观察所得，要么是在观察的基础上通过合理的推理所得，而这个范畴中不存在任何应该是的情况。[24]实然与应然的二分法后来与更宽泛的事实与价值的二分法关联起来。[25]这造成了一种趋势，也就是把与价值相关的一切都归入主观领域，而把一切事实都归入可进行实证观察的领域。休谟明确表示他意在将实证的方法用于对思维的研究。他的整部《人性论》就是对我们观念起源的研究。举个例子，休谟对因果关系的著名表述就是对因果关系观念起源的表述，而不是对因果关系本身。与此相似，休谟在《人性论》第三部分中对道德的表述是对美德与公平思想的表述，而不是按照过去对道德的理解来对道德现实进行表述。休谟把标准的哲学问题转化成了对思维的研究，因而成为有关第二个伟大思想的卓越哲学家之一。通过这种转化，休谟巩固了主观与客观之间的区别，并持续影响了接下来的数百年。根据休谟，客体性栖身于方法，尤其是科学的方法；主体性是人类经验和思想的领域。善与恶并非存在于这个世界中，而是存在于人类思维中。当道德被解读为栖身于主观领域时，它便失去了作为客观必要之物的威力。这个思想广泛地进入了西方文化，一直持续到20世纪末期。[26]

主体性的发现改变了道德哲学，导致“道德是客观的”和“道德是主观的”两种观点之间的分裂。在前现代时期，道德被认为是内嵌在宇宙之中的，人的思维也是宇宙的一部分。这时不存在判断道德是客观还是主观的问题。道德关乎繁盛的生活，也就是顺应自然而生活，而在基督教时代，自然被认为由上帝创造。一个个体的道德与更广阔的社会道德之间没有裂痕，因为个体的独特性不具有道德层面的影响。以笛卡尔为开端的哲学转向聚焦于个体思维，并开始将思维从世界中分离出来，这对现代思想具有极其重要的意义。在本章的第一节中，我介绍了人们关于自然的概念是如何发生变化的。自然是客观世界,客观世界正是科学所探究的世界。康德试图让道德像科学所构建的那样具有必然性和客体性，在这种尝试的背后，最重要的原因之一便是“科学让我们了解了客观世界的样子”的设想。

对主体性的意识首先出现在艺术和文学领域中，正如我在第二节和第三节中所描述的。在当时的艺术作品以及在现代小说的崛起中,主观视角的独特性非常明显。然而,在“主体性与客体性之间具有鲜明分界线”的现代假设出现后，关于道德的形而上学便产生了两种相互竞争的观点。一种观点认为如果道德是客观的，那么它的表现形式必须是以自我治理为中心的义务，康德的观点是最好的范例。另一种观点认为，如果道德是主观的，那么它就是单纯的自然现象，我们可以像研究自然界中鸟儿和动物的行为那样对道德展开实证研究。这种现代冲突是主客观二分法带来的后果之一。这个二分法还有深层次的影响。在学术领域，它造成了自然科学与人文学科的分裂；当我们理解将在第五章中探讨的那些现实时，它给我们带来了困难；在“道德是与世界和谐共生”的思想向“自律是道德与公民社会的基础”的思想转变时，它是引发这一历史性转变的原因。我们现在正是在应对这个二分法造成的实际冲突。

20世纪：对第二个伟大思想的攻击

西格蒙德·弗洛伊德对无意识的发现严重削弱了人们运用自身思维的信心。公平地说，早在弗洛伊德将无意识引入心理学领域之前，哲学家和诗人就已经对无意识有所认识，这是弗洛伊德也承认的事实。[27]不过弗洛伊德的研究却让无意识成了科学研究和临床实践的对象，弗洛伊德心理学因此获得了极高的声望，从而在第一次世界大战结束后的几年中迅速被大众关注。弗洛伊德的理论之所以受到如此关注，原因之一在于它以内容淫秽而著称，这让它既迷人又令人作呕，而这种状态无疑是获得公众知名度的诀窍。弗洛伊德的精神分析法不管是当年还是现在都面临诸多反对意见。然而，即使是诋毁它的人也承认，在意识层面之下还存在深层次的自我，并且存在一些方法来发掘展现部分深层次的自我。我们的思维中有很多隐藏的部分，而且很多部分是由我们自己隐藏起来的。

对第二个伟大思想来说，弗洛伊德心理学是其早期的主要威胁之一。弗洛伊德心理学不但揭示了思维分为不同层级，就某些层级而言，我们的意识基本碰触不到，甚至完全无法碰触；也表明了在关于自我的深层次特征方面，比如关于我们的动机和欲望，我们有意识的认识可能会出现错误。也许更糟糕的是，在自我的这些特征中，有些特征反倒是他人比我们自己更容易碰触到。这一切不仅仅是对第二个伟大思想地位的威胁——毕竟第二个伟大思想也只是一个思想，还被认为威胁到了自我的存在。

自康德以来，自我治理意义上的自律一直是伦理学的基础思想。控制是我们的核心价值。相比之下，在过去的时代，美德才是核心价值。弗洛伊德伦理学表明我们对自己的控制比我们自己认为的要少得多，这令人非常震惊。我们对自己的很多行为冲动都是没有意识的，但事实上这些行为冲动都解释了原本令我们难以理解的行为。在弗洛伊德之后的几十年间，心理学研究表明，在很多情况下，虽然我们认为可以通过反思性的理性意识来控制自我的某些方面，但事实上我们都没能做到这一点。原本因为理性而被认为具有无比价值的人，此时却被表明是非理性的。非理性通常可以得到理解，但问题在于非理性非常难以掌控。在康德的伦理学和政治思想中处于核心地位的是进行自我治理的自我，这个自我一直笼罩在关于践行自己真正想做之事的幻象与失败之中。

在20世纪晚期的几十年间，对第二个伟大思想的攻击发生了变化。自我的社会建构和权利关系对自我认同的影响等领域的研究对这个思想发起了攻击。福柯的研究尤为重要，因为它影响了对诸如囚犯、精神失常人群和具有非常规性取向人群等边缘群体的理解以及这些群体的自我理解。福柯认为诸多现代知识领域都与现代社会的权力结构有着密切的联系。福柯所说的“诠释的自我”通过像解读文本一样的自我解读来理解自身。在话语分析中，权力的等级可以得到展现，人们可以通过分析使这些等级合理化的知识领域，而对这些权力的等级展开批判。由于主体通过由强大的他人决定的话语来解读自身，权力的结构就全面渗透进了主体性之中。我们会用语言来解读自我，也会在他人面前解读自我——按照福柯的观点，这些事实是主体性与制度权力间关联的一个重要特征。福柯将基督教中告解行为的兴起作为这方面的一个尤其明显的例子。[28] 通过对自己良心的审视，基督徒可以得到有关自己的真相，他们有义务了解这些真相，并将它们告知神父，也就是具有权威的解读者。与心理治疗师谈话的做法其实是这一技巧在现代的应用，也就是通过开展参与者之间存在等级关系的解释性对话，来让与治疗师谈话的人了解其自身。

身份的社会建构也是女性主义哲学和种族研究的常见主题。一个人的主体性在某种程度上由外在于思维的话语建构而成，有时是为了维持他人的权力而存在。有些作者将这个论断发展成了生物范畴的社会建构。比如，某些专注于种族问题的作者在种族范畴秉持的是某种社会建构主义或怀疑论态度，[29] 而朱迪斯·巴特勒对于性别是一种社会建构的观点给出了很有影响力的论证。

在人们意识到他们的自我概念遭到操纵并且给自己带来损害后，让他们看到话语如何以牺牲某些群体为代价来服务于另一些社会群体是一种解放的体验，人们对此的政治回应也可能会是爆炸性的。请注意这个发现如何更进一步地动摇了第二个伟大思想。它意味着相较于对自身的认知，自我对社会世界的描述更为基础。因此，思维理解其自身的能力是否确实比其理解这个世界的能力更为可靠，答案还不那么明朗。

到了 20 世纪末，第二个伟大思想的具体形态已经几乎像第一个伟大思想一样糟糕了。两个思想都在持续遭受攻击。很多人失去了思维的超越感，这种感觉曾来自第一个伟大思想在东西方文化中的多个具有历史重要意义的表达形式，我在第二章结尾也对此进行了总结。很多人也不再认为我们了解自己的思维并因此可以掌控自己的生活。此时，留给我们的是大量针对我们理解自身思维和世界的能力的怀疑论，如果我们要过一种允许自身的认知和各种社会天赋发挥到极致的生活，那么这种怀疑论将是非常有害的。不过，两个思想都存在于我们的思想史和社会史中，它们为当前的政治冲突提供了背景。我希望，探讨这两个思想的历史，也就是我们在这两章中所做的，可以为解决当今各种困惑提供一剂良方。我们在实践中的困惑将是下一章的话题，而我们的理论困惑将在第五章中得到探讨。

■ 掠影　非客体性的极限：马列维奇的《黑方块》

《黑方块》是一幅由俄国先锋派画家卡济米尔·马列维奇创作的标志性画作，是当时最激进的抽象画作。这幅画作展现的是一个在白色背景上的黑色正方形，这个正方形没有任何视觉纹理，而且完全对称。马列维奇花了18个月在工作室里进行非客体性的绘画实验，最终画出了一系列画作，《黑方块》是最为著名的一幅。这幅作品常常被称为“绘画零点”，这主要来自马列维奇本人对创作目的的描述：“就存在而言，其真正的运动从零点开始，在零的状态中开始。”在1927年出版的《非客观的世界》一书中，马列维奇写道：“1913年，我试图用尽全力把艺术从真实世界的沉重包袱中解救出来，正方形这一形式成了我的庇护所。”马列维奇开创的这种新的艺术表现形式专注于“绘画本身”，不体现任何现实生活的元素。马列维奇发明了“至上主义”的标签来彰显这种新的艺术表现形式所具有的优越性。《黑方块》是一个完全不同的、前所未见的艺术对象，它改变了艺术家对自身的思考方式，以及人们看待艺术的方式。它证明最普通的形状可以是革命性的。它可能像马列维奇所设想的那样是非客体性的极限，但同时也是非主体性的极限。它既与独具个性毫不沾边，也同样与客观世界毫不沾边。

图7　马列维奇的《黑方块》(1915)。特列季亚科夫画廊，莫斯科

第四章

道德的影响：自律和与世界和谐共生

人与自我

我在前面叙述了西方历史上两个伟大思想的对抗，也就是人类思维可以理解世界的思想和人类思维可以理解其自身的思想之间的对抗。这两个思想可以相互适应，很多非西方文化在发展过程中并没有产生两个思想间的紧张对立，因此，没有理由认为我们必须在二者之中选择一个，也没有必要认为其中一个思想肯定优于另一个思想。不过，在西方，两个思想在主体性被发现之后产生了冲突，冲突的根源在于两个思想在当时的具体表达形式。在文艺复兴之前，第一个伟大思想占主导地位，表达形式是先理解世界再理解自身思维的思想。从文艺复兴时期起，第二个伟大思想开始占据主导地位，其表达形式是先理解自身思维再理解世界。这些思想确实相互冲突，但重点是要把两个伟大思想同伴随它们出现的不那么伟大的思想区分开来。我们历史中有许多冲突的元素，这可能并不是坏事，因为它们之间的碰撞可以驱动概念的发展。不过，在取得发展之前，通常都会出现困惑与矛盾。这里的矛盾是有关思维与世界间关系的矛盾，给我们带来了有关人类本质的不同概念。

我们每一个都是人，我们每一个也都是自我。当我们说人时，所表达的意思非常不同于当我们说自我时所表达的意思，然而迷惑之处便在于人是自我。“人”这一思想源于第一个伟大思想，“自我”的思想来自第二个伟大思想。“人”这一思想的历史给人的概念赋予了一种与自我的价值完全不同类的价值，人与自我分属于不同的构建道德基础的方式。看起来，两个伟大思想似乎和我们的道德、政治问题之间仅存在一种遥远而又脆弱的关联，但我认为人与自我之间的差异是两个伟大思想与大量道德问题及其政治表达之间的一个连接部分。

一个人是社会世界、自然世界或超自然世界中某种存在中的一分子。人是世界的组成部分。“人”是来自外部世界的一个标签，这一点从“人”一词起源于罗马法便可以明显体会出来。在罗马法中，“人”（persona）一词表达的是一种法律身份，最初适用于属于某个宗族的成员，最终扩展到适用于国家的每一个公民。古罗马的一系列平民起义（发生在公元前 4 世纪到公元前 3 世纪）使所有自由民都得到了完整的公民权利，这意味着每个自由民都被认为是一个人，但人与人类所指代的范围并不相同。女性、奴隶和外国人不被认为是人。“人”与“尊严”（dignitas）相关联，后者就是公民凭借其法律身份而受到的尊敬，不过一个人如果有军事或政治成就，也可以获得尊敬，西塞罗说能让人赢得尊敬的是杰出的美德，君子，也就是最优秀的人，都具有这样特点。因此，人是一个受到法律认可的社会范畴，可以赋予一个人尊严。尊严与人格相关联，但仅仅作为生物意义上的人并不足以获得两者中的任何一个。

公元 5 世纪，在西罗马帝国逐渐分崩离析之时，教皇利奥一世[1]宣布每一个人都具有尊严，并且具有同等程度的尊严，因为所有人都是依照上帝的样子创造出来的，都与上帝相像。利奥一世对尊严普遍性的认可对将有关尊严的讨论纳入道德领域起到了决定性作用。一个人因其公民身份或其特殊成就而获得的尊敬是一回事，而因为作为生物意义上的人而获得的尊敬则完全是在另外一个层面。在尊严转变为依附于人的自然范畴而非社会范畴后，它便成了一项道德价值，而不仅仅是一个社会或法律地位的称号。然而，利奥一世并没有摒弃用尊严来体现等级或地位的思想，因为他同样说过，上帝变成了人类，这抬高了人类在上帝所创造世界中的等级。尊严仍然是一种地位，但已经变成了一种适用于整个人类的地位，使人类高于其他动物。到了6世纪早期，古罗马思想家波爱修提出了人的定义，在接下来的几百年间有关人格的争论中，这个定义一直是经常被引用的经典权威。根据这个定义，一个人是“一个具有理性本性的个体实体”。这个定义完全没有提到人类或神圣天性，而是选择了一个自古希腊以来大多数哲学家都认为可以将人与动物区分开来的属性——理性。波爱修把整个宇宙分为上帝、天使、顶层的人的范畴中的人类和底层非人范畴中的动物。[2]所有人类都是人，但有些人并不是人类。请再次注意，“人”与崇高的地位相关联，但人格的决定性特点是一个被认为具有至高无上价值的属性。

波爱修的定义遭遇了某些批评，但阿奎那对它进行了辩护，他提出人（位格）是一个自然范畴：“‘人’（位格）表明了在所有本性之中什么是最完美的，这便是理性”。从这个意义上说，把人格扩展到上帝并没有任何不妥，阿奎那还将这个概念与尊严关联起来：

尽管从起源来说，“位格”（人）这个名字可能不适合于上帝，但客观地从含义来说，它其实特别适合于上帝。因为正如许多著名人物都在喜剧和悲剧中得到了表现，“位格”（人）之名也是为了彰显享有崇高尊严的人物。因此，在教堂中身居高位的人都被称为了“位格”（人）。接下来，有些人将“位格”（人）定义为**因尊严而不同的本体［实体］**。[3] 因为依靠理性的本性来生存是享有崇高尊严的，所以每一个具有理性本性的个体都被称为“位格”。现在神圣天性的尊严高于其他一切尊严，因此，“位格”之名也就非常适合于上帝了。（黑体出自原文）

在同一个问题的稍前一处，阿奎那详细描述了理性的一个方面，正是这个方面最终成为推动第二个伟大思想崛起的最重要因素之一，这便是“一个理性的存在进行自我治理”的思想。阿奎那写道：

以一种更特殊更完满的方式，特殊的和个体的事物也可以在理性实体中找到，这些理性实体可以支配自己的行为；他们不仅像其他事物一样被创造得可以做出行为，也可以自行做出行为，因为行为是属于单一个体的。因此，与其他事物相比，具有理性本性的个体也有一个特殊的名字，这便是“位格”（人）。

在阿奎那之后又过了两个世纪，关于尊严的著述进入了繁荣时期，为现代时期的自我思想和自我治理的价值观打下了基础。文艺复兴时期有关尊严的宣言是皮科·德拉·米兰多拉的《论人的尊严》。对皮科来说，尊严在于人可以自由地使用无限多种方式来锻造自我。这点值得注意，因为皮科并没有像我们在阿奎那的论述中看到的那样，将尊严聚焦于理性的本性，然后将理性的本性与自由关联起来；事实上，皮科将尊严直接与自由选择的能力关联了起来。他的《论人的尊严》与其说是一篇关于尊严的文章，不如说是一篇对哲学的颂歌[4]，不过它也因其十分优美的段落而出名。皮科写道，在上帝创世之后但还没有创造出人类之时，伟大的存在之链处处都已被充满，上到天使下到蠕虫都占据了一个位置。于是，上帝决定创造一个人，并说道：

亚当，我们没有给你固定的位置或专属的形式，也没有给你独有的天赋。我们这样做，你就可以判断哪个位置、哪个形式及哪种天赋是你想要的，你可以根据自己的欲求和判断来拥有这些位置、形式和天赋。就其他一切存在而言，一旦它们被定义，其本性就都要受到我们为它们制定的法则约束。然而，你，不受任何限制的约束，我们已把你交给自由意志，你可以根据自己的自由意志来决定自己的本性。我们将你置于世界的中心，在这里，你可以更轻松地凝视这世间万物。我们让你既不属于天也不属于地，既不会终有一死也不会永垂不朽，因此，你是自己自由而又非凡的塑造者，可以把自己打造成任何你偏爱的形式。你可以堕落成更低级的生命形式，也就是野兽，同样，你也有能力根据灵魂的决断，在神圣的更高等级中重生。噢，上帝天父至高的宽宏大度，人至高而又美妙的幸福，我允许他得其所愿，成为他想要的样子！

当皮科将尊严聚焦于自由意志时，相比于聚焦理性，这其实已经是一个不易察觉但又有决定性意义的变化了。理性可以说是分层次的，这为“某些人应该统治其他人”的思想提供了基础，但在这一时期，自由意志被认为是一种不分层次的属性。你要么有自由意志，要么没有。当自由意志成为人类尊严的基础，人类平等就得到了保证。不过，自由意志被理解成一种自然属性。它就是那个让人类有别于其他动物的属性。当人类个体要理解自己的价值和在宇宙中的地位时，需要先去理解作为一个整体的宇宙，就像皮科在前面所说的，所以，即使文艺复兴时期的作者颂扬自由意志，但自由意志仍然被认为是宇宙宏大设计中的一部分。皮科从来没有摒弃“人类在上帝造物等级中占据一个特定位置”的思想。人的价值，从本质上说也就是“人”这个概念的价值，是第一个伟大思想的组成部分。

强调自由意志为“人”这一概念发生革命性变化打下了基础，因为要思考自由意志，我们就需要专注于自由的存在所具有的意识以及选择的意识过程。自由意志最初被认为是在一个遵循理性法则的世界中进行选择的自由，不过，它最终演化成为另一个思想，也就是“自由首先是治理自我的能力”，这也是自由最重要的要义，这样的自由被称为“自律”(autonomy)。自律的思想是一种要把尊严与某种特定意识而非本性相关联的尝试，这个思想为第二个伟大思想的崛起提供了助力。不过，如果没有一个既作为治理者又作为被治理者存在的有意识的自我，那么自律的思想也将毫无意义。当这样一个有意识的**自我**的思想进入了人类的想象，它便给形形色色的人类文化注入了活力，而且这种活力在接下来的几百年间经久不衰。然而，第二个伟大思想的崛起伴随着第一个伟大思想的衰落，当第一个伟大思想衰落，“人是一种在宇宙中占据高位的存在”的思想也随之衰落，人们失去了“自己在这个世界里很重要”的感觉，在这个世界里，人类只是众多动物中的一种，也许是最智慧的，但肯定不是最美好的。

自我的思想伴随第二个伟大思想的崛起而出现。或许，自我只是从人的内在视角看到的人，不过这句话说起来容易，解释起来就难了。自我是一个对自身有意识的存在。这种存在的自我意识能力不可能与它理解这个世界的能力相同，因为我们可以想象得到某些生物具有两种能力中的一种但没有另一种。自我意识是对某种事物的意识，这种事物与我们运用理解世界的能力时所意识到的事物不可通约。当我理解自我时，我意识到自己在理解一种类型上与自己对这个世界认知中的任何事物都完全不同的事物。当我想到这个世界时，我想到的是具有质性属性的物体，这些属性都在一个统一的结构中彼此关联。这其中便包括了人类思维，每一个人类个体的思维都可以在世界的地图中找到一个合适的位置，因为它们都彼此相像。不过，与宇宙的内容物不同，自我具有很强烈的独特性。每一个自我不仅恰好与其他自我和其他万物有所不同，而且一定有所不同才能成为自我。我不知道该如何捍卫这个主张，但我相信自我的独特性已经得到了相当广泛的认可。我自己的意识是其他任何人都无法拥有的，当然，这一点也适用于你。你之所以成为你，至少部分原因在于你与其他人的不同之处，而非相似之处，这一思想带来了“不同自我之间的差异具有价值”的信念。

在上一章中，我曾提出现代的自我概念或许可以追溯到《堂吉诃德》和现代小说开端之时。哲学中的自我概念则花费了更长的时间才发展起来。我提到皮科·德拉·米兰多在人的决定性属性从理性转变为自由意志这一微妙变化中发挥了重要作用。在“以自我治理为人类尊严的基础”的思想取得历史性发展的过程中，前面提到的这个微妙变化是重要一步。尽管如此，也并没有证据表明皮科已经具有我现在所探讨的意义上的自我概念。哲学中的自我概念大概始于对笛卡尔有关“我”的观点的回应，尤其是洛克、休谟和康德对于把“我”作为实体的批判。不过，大概到了康德之后的一代，在费希特的作品中[5]，主体性才成为哲学领域中的一个基础范畴。费希特认为需要有一个对主体性的描述来解决康德没有对自我进行统一描述的问题。然而，在费希特的思想中，我没有看到每个自我的主体性都很独特的思想。[6]就意识的独特性这一思想的起源而言，查尔斯·泰勒认为康德的学生约翰·赫尔德提出了我们每个人都有作为人的独特方式，尽管他并没有将这种个人独特性与主体性关联起来。到了20世纪，著名神学家汉斯·乌尔斯·冯·巴尔塔萨认为尊严等同于个人的不可替代性，而非人类本性。在20世纪上半期的人格主义运动中，出现了对人的独特性的关注，这在卡罗尔·沃伊蒂瓦（若望·保禄二世）的著作中尤其突出。在这些著作中，人的独特性直接与主体性联系起来。因此，我们可以看到现代哲学逐渐从笛卡尔的自我向主体性思想转变，向每个人都很独特的思想转变，最终在独特性与主体性之间建立了关联，并提出这种关联为每个人不可替代的价值提供了基础。每个人都具有不可替代的价值，因为每个人同时也都是一个自我。

人的价值是理性的价值，自我的价值则是主体性的价值。人和自我都有价值，但价值来源不同。从历史上来说，人们认为理性有价值，因为它是至高的存在所具有的属性。主体性有价值，因为它让每个自我变得不可替代。如果人类个体既是人又是自我，那么我们每个人就都具有两种不同的价值。一种是高层价值，这种价值让人（不管这个人是不是人类个体）在世界这个整体中比非人的存在更有价值。这种价值一直被称为尊严。不可替代性的价值就完全不同了。这种价值的产生并不是因为个体归属于某个由于具有某种共同属性而更高级的阶层，而是因为个体的独特和自成一体。这样的价值也被称为尊严。

我们需要认识到，事物不会仅仅因为不可替代就变得有价值。很多事物都不可替代，但其本身并不好。比如，一件原创艺术作品即使是不可替代的，也很有可能是展现了糟糕的艺术。很多手工艺品都因为有瑕疵而被丢弃，尽管它们都是独一无二的。人类的很多独特特征都很不起眼，比如虹膜和指纹。如果一个人被杀害，我们不会因为这个世界失去了一个独一无二的虹膜而感到悲恸。不可替代性的尊严不仅要求我们与众不同，还要求我们的与众不同之处有价值。

这让我们对人类尊严产生了困惑。如果尊严由两种截然不同的价值共同构成，那么我们该如何理解它们在一个人类个体中的交汇结合呢？[7]我建议从认识到这一点开始：从一定程度上说，理性就是人类本性的一个组成部分，这又为我们无限的价值或者至少是更优越的价值创造了基础。具有这种价值的存在是人。这让我们拥有了一种明显可以共享又与独特性毫无关联的尊严。如果存在人类之外的理性本性，那么就可能存在人类之外的人，这些人就具有这种价值。

相比之下，不可替代的价值则根植于足以让我们区别于其他任何人的主体性。如果你离开了这个世界，某些具有不可替代价值的东西就消失了，你的逝去并不像是一件糟糕的艺术品消失了。因此，我认为你具有无限的价值，因为你是一个人；同时，你具有不可替代的价值，因为你是一个自我。

2016年，我进行了一次题为“人的尊严与独特性的价值”的主席致辞。在致辞中，我提出了一个假说，把尊严固有的两种价值与“理性是一种力量，这种力量具有无限多种变化形式且每种形式只有一个实例”的思想联系起来。每一个人类个体都有一种具有无限价值的力量，并以一种不可替代的方式将其表现出来。要让这一点有道理,理性作为一种属性，在与其实例的关系方面，就必须与众不同。一般来说，就任意属性而言，比如“具有某种特定蓝色调”的属性，那么每一个具有此种蓝色调的实例都是相同的。我认为理性与此不同。理性是一种只能依附于意识的属性，其所依附的意识又来自具有独特意识的存在。如果理性蕴含着独特性，那么理性的每一个实例与其他实例之间就都会存在差异，这些差异又天然地与理性相关联。

不过，这怎么可能？我的答案是两种意义上的尊严都属于人类自我反思意识的能力。自古希腊以来，这种能力一直被称为理性，因为它是一种用理性元素或者用柏拉图所说的灵魂中的理性部分来控制我们意识的能力。这种能力传统上认为等同于逻辑推理的能力，运用于我们所说的逻辑推理过程中，它与个体性无关，对每个运用这种能力的人来说都是相同的。然而，毫无疑问，理性并不仅限于逻辑推理过程，我认为如果我们思考一下人类进行逻辑推理的目的，就可以避免困惑了。我们在控制自身意识状态的过程中进行逻辑推理。在某些情况下，我们希望意识状态与其对象一致。我们希望自己的观念是正确的，记忆是准确的，感觉是真实的。

而在其他情况下，我们希望意识的对象匹配我们的意识状态。我们希望这个世界与我们的渴求和我们的价值一致，我们根据部分出于我们自身选择的叙事来掌控自身意识状态，以指挥未来的行动。理性就是让我们能够这样掌控自身意识的能力。它并不局限于看出从一个观点逻辑地推导出另一个观点的能力。从一组命题推出另外一组命题的逻辑推理的形式过程，对每一个运用它的人来说都是相同的，但不同的人在对自身精神状态的掌控上存在差异。[8] 在第二个伟大思想发展过程中的某个时刻，人们开始认为如果两个人都是理性的，那么这两个理性的人不必完全相同。他们可以做出不同的选择、拥有不同的观点，而且这些不同的选择和观点都是同等理性的。我们几乎总会认为他人必须自己为自己的生活做决定，我们会这么想是因为我们认为可能并非只有一种理性方式，但这也不意味着他人自行做出的选择都是随机的。当我们遵从他人对其自身意识生活的掌控时，我们发现在他们的意识中存在某些他们自身十分精通的方面。这是理性的，但可能与一个人自身的理性有所不同。

我的假说解释了为什么自我应该自我治理。我们不能因为“自我是一个理性的存在”就主张自我治理是有道理的。仅用理性无法解释为什么自我要由其自身而非其他理性的存在来治理，我在前一章讨论康德时曾提出这个问题。我的答案是自我必须由其自身来治理，因为自我是独特的，其他任何存在都无法胜任这项工作。赋予自我独特性的是主体性，要让自我治理成为一个值得维护的价值，主体性就必须具有独特性。不过，如果主体性的独特性与我们虹膜的独特性没有什么区别，那么这种独特性就很不起眼了，我们也就没有理由认为自我治理很重要。我们的主体性因其与理性的价值间的关联而极具价值。在前面的引文中，阿奎那说理性的存在治理其自身，我想说的是不同的个体因为各自独特的主体性而用不同的方式治理自我。

当第一个伟大思想以世界先于思维的思想形式表达出来时，人类被概念化为人，人的决定性属性是理性，其根本价值是与得到了理性治理的世界保持和谐。当第二个伟大思想以思维先于世界的思想形式表达出来时，人类被概念化为自我，自我的决定性属性是主体性，其根本价值变成了自律或自我治理，也就是一种与对人在世界这一整体中地位的认知不相称的价值。正如我们在第三章中所讨论的，康德勇敢地尝试将理性的意志等同于自律的意志，但是在接下来的历史时期，人们对自律的理解加剧了两种价值之间的对立，最终导致人们认为两者之间存在不可调和的冲突。一个人是一个自我，两个伟大思想之间不存在冲突，这两点具有重要意义。我们有时只关注自身的一个侧面，可以是与他人相同、赋予我们做人的尊严的那一面，也可以是与他人不同、赋予我们做自我的尊严的那一面。我们感到两者之间有矛盾，这是可以理解的，但是我们并不想忽略我们自身的一个重要部分。如果有可能将两个伟大思想合并起来，那么也一定有可能将人的价值和自我的价值合并起来。

自律与权利

从权力的意义来说，第一个伟大思想赋予人类一种最好的权力，因为这个思想意味着人类对其所理解的世界负有一份责任。对宇宙的理解带来了责任，因为第一个伟大思想从未让人类做一个被动的旁观者。事实上，第一个伟大思想几乎等同于说："这就是宇宙，而这是你们在宇宙中的角色。"第一个伟大思想的有神论形式中便包含了上帝要求人类扮演好自身角色的内容。在古希腊形式中，自然界中人类和非人类的部分都由理性统治。在印度教形式中，人类要对自然负责，因为他们依赖于自然。人类要对人类之外的自然界负责的思想在很多文化中都出现了。在这个世界里，很多生物无法理解自身在这个世界中所扮演的角色，当我们要理解这样一个世界时，就产生了一种要关爱这些生物的责任感。这种意识随着环境保护主义的发展而在过去几代人中逐渐增强，不过，其实我们在《创世记》中也看到了这种意识，只不过它是以一种非常不同但同样强有力的方式表现出来。上帝创造了亚当和夏娃后，我们读到："神赐福给他们，神对他们说：'要生养众多，遍满这地，治理它；要管理海里的鱼、天空的鸟和地上各样活动的生物。'"。在这里，人类被告诫要对上帝负责，要照顾一切生灵。责任是有等级的，人类具有君主之于臣民那样的责任。当我们看到自己在生物世界中的位置如何与其他生物相互交织，当我们意识到人类在宇宙中并不是特殊的存在，我们也会拥有一种责任，但这种责任显然与前面一种完全不同。不过，不管是哪种情况，人类对世界这一整体的理解都会让人们产生一种责任感。[9] 对于宇宙中某些更高级的存在，我们可以意识到它们的权威，如果我们理解了这样的存在，就会觉得对它或它们，我们有义务履行自己在这个世界中的责任。第一个伟大思想让人类意识到了因地位而产生的义务。承担了义务的存在是有尊严的存在。在前一节中，我已经讨论过了，人类在宇宙中的位置为两种尊严中的一种提供了基础，这种尊严便是人的尊严。

自从第二个伟大思想占据了统治地位，人类尊严的焦点就发生了转移：从由我们在宇宙中的位置而产生的尊严转到了自我治理能力所固有的尊严——每一个自我都天然拥有的一种尊严。权利是对自我的保护,是对立于他人的一种主张。权利将义务赋予他人，因为权利提出的要求具有强制性。随着自律在启蒙运动中兴起，道德基础发生了变化，个人权利的思想成为道德话语的焦点。道德的力度更强了，范围也更窄了。对权利的侵犯严重损害了正义，需要法律予以干涉，这样的侵犯与由于违背经典美德而犯的错不同，后者违反的是比如善良、同情心、忠诚、节制、勇敢、诚实以及实践智慧。被阿奎那称为罪宗的恶行，比如傲慢和贪婪，也不属于任何人的权利，至少在它们最初形成的时候不属于。美德是人们为了在运转良好的群体中和谐生活所需的品质，而非公共需求。毫不意外，当伦理学开始聚焦于权利时，美德和恶行便在理论伦理学中逐渐消失了。我们迈入了一个专注于自我的需求而非人的福祉的时代。

基本人权是道德权利。在关于权利的文献中，通常所举的例子包括生命权、言论自由和宗教自由，以及免受奴役或酷刑的权利，这些权利不依赖于任何国家的法律而存在，具有非常重要的地位，因此应该得到法律保护。如果它们没有得到法律保护，那么法律就出了问题。其他权利由某个地方的法律赋予，其合理性会因地而异。缺席投票的权利就是一个例子。从启蒙运动时期开始，权利与法律之间的关联就将道德与政治理论联系起来，这种情况至少持续到20

世纪末[10]，彼时公共道德与法律之间的区别已经变得越来越少了。

关于权利思想的历史起源，是存在争议的。这个思想直到现代才占据了统治地位，然而，基本人权的思想可以说是隐含在了中世纪的自然法理论中。在天主教的社会思想中，雅克·马里旦通过引用自然法的客观标准来维护人权的思想，这是一种将认为权利至关重要的道德见解与根植于第一个伟大思想的世界观融合在一起的尝试，令人印象深刻。马里旦在 1948 年《世界人权宣言》起草过程中所做的贡献，从一个角度表明了现代道德思想不需要被解读成与前现代道德理论相冲突；后来，这份文件在联合国大会中全票通过，更凸显出权利的语言可以被具有不同文化背景、秉持不同世界观的人们接受，而且显然在这些人中，总有些人的思维并没有完全被第二个伟大思想支配。

不管自然法的道德框架是否可以为人权理论提供基础，就人们对权利概念的接受而言，与之联系更为紧密的是摒弃自然法，以社会契约论取而代之；以及对人类个体在宇宙中位置的不同看法。[11] 在政治理论从第一个伟大思想转向第二个伟大思想的过程中，托马斯·霍布斯是一个关键人物。霍布斯不再认为人因其在宇宙中的位置而被赋予尊严，而是认为除了社会契约，人没有任何价值。霍布斯明确指出："一个人的价值，与其他一切一样，是他的价格，也就是在使用他的权势时所获得的酬劳；因此，一个人的价值不是绝对的，而是取决于他人的需求和判断……一个人的公共价值，也就是国家赋予他的价值，是人们通常所说的尊严。”四章之后，霍布斯接着给出了著名的对自然法的重新定义：“自然法（lex naturalis）是一套准则或者通则，由理智所发掘，它禁止人们去做毁灭自己生命或剥夺保护自己生命之手段的行为，也禁止人们忽略那些最能保护自己生命的行为。”

从“自然法是一个人保护自我的一种权利或自由”的思想出发，霍布斯推演出了一个人让出部分自然权利，在君主权威下订立社会契约的理性需求。在约翰·洛克的社会契约理论中，自然权利的范围延伸至了生命权、自由权、财产权，最终使社会契约理论成为政治合法性的一个主要理论。众所周知，洛克对美利坚合众国的根本原则产生了影响，这种影响在当代有关政府、宗教和个人之间关系的争论中仍在持续。

由于对权利的关注往往会让道德的范围变窄，有时在道德和政治话语中得到认可的义务只有那些可以补足权利的义务。我有义务尊重你的权利，你也有义务尊重我的权利。那些恶劣但不侵犯权利的行为已经逐渐隐入了私人领域，也就是通常认为宗教所依傍的领域。公开的道德讨论关乎法律，法律关乎权利。因此，出现了“道德的各组成部分只要不涉及违反法律，都属于人们的私事”的思想。然而仍然有很多种行为，它们对群体造成了伤害，但并没有被纳入权利的范畴，因为它们的恶劣程度低于侵犯人权的行为或者它们没有造成一群特定的受害者。我提到过的有悖于善良、同情心、勇气、值得信赖等美德的行为就是前一种情况的实例；破坏公共环境或者危害经济公平性的行为则是后一种情况的实例。结构性的不平等也属于这个范畴。

当公共话语几乎完全以权利的语言来进行时，民主正常发挥其功能的能力便遭到了威胁，因为我们虽然能够平衡以公认的价值为基础的优先事项，却无法用同样的方法来平衡权利。就一项权利而言，其核心在于它不需要人们去平衡，因为它是一种豁免权。它本来就旨在保护“自我”这一道德上的基本范畴。人们了解这一点，并在进入对抗模式时使用权利的语言，希望以此来提出针对他人的主张，而不是要求在公共领域更加推崇某种价值。这样一来，权利的语言便将政策争论中双方所付出的赌注都抬高了。它创造了一种辩证的局面，也就是一方主张某种权利，另一方则拒绝承认这种权利。在这种局面中，几乎没有妥协或者立场缓和的空间，因为针锋相对是权利的语言内在的特点。不过，主张某种权利赋予人们一种言辞上的优势，因为这种做法让对方成为防守一方，这也是权利语言的应用在最近几十年出现爆炸式增长的原因之一。强硬的语言能够得到关注，也会造成阻力，让达成妥协的难度变大。

把道德全部归结为权利意味着权利主张的范围一直在扩展，把能够算在善待人与动物的范畴中的一切都包含了进来，同时保留了义务及其相关权利的强大力量。人权的范围最初仅限于最重要的几种权利，比如洛克列出的生命权、自由权、财产权，不过，随着时间的推移，人权支持者主张的权利范围不断扩大。前不久，这一范围已经扩展到了包括获取公共当局所掌握的信息的权利、与同性恋人结婚的权利、用自己喜欢的人称代词来称呼自己的权利、对个人行程和密码保密的权利以及死亡的权利，动物的权利就更不用说了。[12]

要说明权利的语言如何影响了公共政策议题，堕胎是个很好的实例。在1960年代以前，反对堕胎的法律虽然保护了胎儿的生命，但通常都没有明确提及胎儿的生命权。法律表达了一套价值观，但用权利的语言来表达这些价值观并不是自然而然的结果，因为这些价值观都是人们的需求。事实上，人们有一套对世界以及对父母和孩子在这个世界中的位置的看法，这让父母的责任变得至关重要，但是堕胎则被感知为有悖于这一套看法。在1960年代，随着上述观点的影响力逐渐变弱，美国许多州都出现了放宽堕胎相关法律的动向。丹尼尔·威廉姆斯在关于美国保护生命权运动早期历史的著作中指出，支持生命权运动最初由拥护罗斯福新政的民主党人士所领导，他们将堕胎问题视为人权问题，在这个问题上，他们的立场是捍卫未出生的胎儿这一毫无自卫能力的少数群体不可剥夺的生命权。这场争论中的另一方称自己为“保护选择权”派，他们的核心关切是：在能够直接影响自己身体的问题上，女性有权自主做出决策。也就是说，自爆发之初，堕胎争论便以主张某种权利与否定这种权利的形式出现。重点是，“保护选择权”派主动出击后，他们身上的标签最终发生了变化，他们成了“堕胎权”的支持者。保护选择权运动最初的理念是“鉴于如果女性选择了堕胎，胎儿的权利也并未遭到侵害，因此应该让女性来做决策”，后来变成了“女性拥有堕胎的权利”。“保护选择权”派的核心立场是女性不应该因为堕胎而遭受指责。就支持堕胎权的立场而言，其核心是如果有人不向女性提供堕胎的途径，那么这个人就应该遭到指责。基于这个逻辑，接下来的几十年间出现了为堕胎建立公共基金的要求。[13]

权利的语言充满激情和对立意味，这个特点让人们更加难以在堕胎问题上达成一致。认为堕胎在道德上有问题的人在说胎儿具有不可侵犯的生命权时可能会有所迟疑，而认为在某些情况下可以允许堕胎的人也常常在谈论女性堕胎权时表现得犹豫不决。不过，人们普遍认为人类胎儿是有价值的，胎儿母亲的生命与她对自己未来的规划同样十分宝贵。两者的生命对他人也具有宝贵价值。公众对这些价值的关注难以调和，因为这些价值都很复杂，并不是简简单单的口号。不过，对这些价值进行讨论可以让激烈的堕胎争论降温，也可以让没有被兜售过“道德可以归结为一系列权利”的思想的人们更详尽地表达自身观点。[14]甚至时至今日，自律思想已崛起400余年，道德也已被重塑为众多自我的道德主张之间的竞争，但是，对很多人来说，驱动他们进行道德思考的仍然是“一个人的身份及其价值在一定程度上由这个人在群体中的恰当位置，或者更确切地说，由这个人在宇宙中的恰当位置来决定”的思想。

要表明权利的语言会扭曲道德问题、让人们更难以达成共识，另一个实例是当前种族主义者之间或者有关侮辱性言论的冲突。当美德被忽视，人们在公共争论中便只剩下为权利而战。过去，在公共场合几乎看不到文明有礼的美德，直到近期这种情况才有所改观。没有了文明有礼的美德，剩下的就只有言论自由的权利了。文明有礼是一种让人在言论和行为上对他人的尊严表示尊重的美德。文明有礼是美德，不讲礼貌是恶行。在群体中，不讲礼貌不仅损害不讲礼貌之人本身的发展，也会有损他人的发展。从美德的角度来看，如果说一个人有“权”做出恶毒、无礼的行为，或者有“权”成为一名种族主义者，那都没有切中正题。我们不想生活在一个到处都是无礼之人的群体中。如果我们自己不讲礼貌，那么我们也是在伤害自己。然而，当文明有礼的美德并未存在于公众意识中时，人们只能围绕言论自由的权利和不被冒犯的权利进行争论。人们已经意识到了这个问题，现在文明礼貌得到了越来越多的关注，不过有时这些关注已经变得政治化，因而无助于解决冲突。更有前景的是艾米·奥伯丁的研究，她从中国早期哲学家身上汲取养分，认为文明有礼是我们社会本性的基础，同时，与之相关联的是所有人都应得到的尊重，甚至包括，或许应该说尤其包括，在社会动荡之时应得到的尊重。还有些美德没有政治争议，包括怜悯之心、慷慨、宽容、可靠、诚实、同情心、开放的心态等。因此，不管人们秉持怎样的政见，这些美德都应该是他们共同的基础。这些美德对社会的良好运转至关重要，但并非由法律强制执行。它们的重要意义在于增强社会和谐、促进共识的潜力。

阿拉斯代尔·麦金太尔对权利之辞的反对与第二个伟大思想的崛起有关。麦金太尔提出权利概念的基础是自律的个体这一思想，而不是社会实在中有关人的目的论概念。他说普遍权利的思想意味着一种无视了那些赋予一个人身份的传统与群体的个人主义。[15]我认为麦金太尔的观点有可取之处。我同意权利的思想以自律个体具有的内在价值为前提，我在前面谈到过，这是第一个伟大思想在西方思想中崩塌后的一个结果。人们不再相信自己有能力把握自身在自然界和社会秩序中的位置——曾经，人类对这种秩序负有责任，它让人类看到自己可以立志追求的美好生活的愿景。第一个伟大思想曾让人们感到自己对他人、对群体，最终对上帝，负有义务。当这种感觉消失后，剩下的便是人们各自关于什么东西对自己是善的以及追求这种善的权利的坚定看法。

尽管麦金太尔的观点有道理，但我认为，我们必须承认对人权的广泛认可为个体提供了他们在第二个伟大思想崛起前不曾拥有的保护。当个体的善被归入群体的善中，某些个体就会因其掌控自身生活的能力而遭到攻击。更糟糕的是，20 世纪的集权主义历史揭示了所谓的群体之善被证明只是某个克里斯马怪物妄想出的结果后会发生些什么。我怀疑我们其实愿意生活在一个《世界人权宣言》所罗列的权利都没有得到承认的世界里，但是，我们认为我们不愿意，因为第二个伟大思想在我们的思维中占据着重要位置。在第二个伟大思想占据这样的位置之前，很多权利都遭到了有意识的和明目张胆的侵犯。因此，在我看来，问题不在于第二个伟大思想的崛起，而在于第一个伟大思想的崩塌。

第二个伟大思想使美德走向了终结，但同样也造就了现代社会对残障人士价值的认可。麦金太尔在《依赖性的理性动物》中对此进行了富有说服力的论述。由于第二个伟大思想，我们看到了每个人的主体性蕴含的价值，不管这个人是否具备我们将人类作为一个物种所珍视的全部属性。一个个体的人可能不会对公民生活做出任何贡献，而且当从群体利益的角度来评判时，会被认为可以由其他拥有正常人类能力的人所替代。如果把世界作为一个整体来看待，残障人士可能看起来是多余的。如果对这一点有任何怀疑，思考一下我们这个世界对待智力、身体或精神残障人士的历史就能够理解了。这个群体开始被当成完整的、有尊严的人也不过是近期历史上的事。我并不是说只有脱胎于第二个伟大思想的道德框架才是对残障人士权利的理论保护。方舟团体让残障人士与志愿者共同生活在像家一样的小团体中，这样的团体就是活生生的例子，体现了依托基督教思想而非任何基于第二个伟大思想的因素而对心智残障人士所拥有尊严的认可。这些实例也同样表明，以第一个伟大思想为基础的道德框架并不是一定与基于第二个伟大思想的道德框架相冲突。

当道德随着自律的崛起和对权利的关注而发生变化，美德的思想便消失了。不过，美德在哲学伦理学和认识论中已经回归，并开始在大众文化中传播。过去几十年间出现了很多有关美德和个人美德的著作，其中有些以普通大众为目标读者，最近一个时期，美德更成为心理学与教育理论领域著作的主题。[16]我在前面提到过，文明有礼的美德已被忽略许久，现在又重新出现了，即使不是出现在人们的实际行为中，也已经出现在公共话语中。除此之外，还出现了许多倡导谦虚美德的举措和大众参与项目。[17]品德教育曾在一代人中大受欢迎，对其效果的评判已变得越来越复杂、越来越严格。[18]关于智识美德的研究呈现出爆炸式增长，使有关智识美德的课程材料和学校里有关智识美德的教学内容都得到了发展。[19]

总的来说，由于第二个伟大思想崛起的同时出现了自律思想的崛起，权利的语言占据了主导地位。对人权的承认是人类文明有史以来最重要的进步之一，但权利的语言现在已经无所不在了。在几乎所有公共政策的争论中，论辩双方都会使用权利的言辞，因为它更加有力，不过这种言辞也同时让人们情绪更加激烈，更加难以达成共识。权利的语言已经扩展到包含了我们之中相当一部分人认为的一个运转良好的社会所具有的大部分内容。不管是什么内容，都是某人针对其他社会成员提出的要求。因此，随着要求的分量越来越重，解决分歧的需求也变得越来越难以满足。

两个伟大思想与政治冲突

两个伟大思想为公共领域的道德观冲突提供了深层次的概念背景。人们经常会用自我治理意义上的自律来支撑自己在一系列问题上的看法，这些问题范围广泛，从堕胎到环境伦理学，从拥枪权到经济政策，再到表达个人需求的权利。我在前面已论述过，自律的中心地位与第二个伟大思想以及对自我的关注相关联。不过，这也并不意味着，排斥来自自律思想的论证就与某个根植于第一个伟大思想的世界观有了直接关联。排斥自律思想的历史比第二个伟大思想的历史更为悠久，涉及的地域也更为广泛。在美国社会里，排斥自律思想的表达形式远多于第二个伟大思想的表达形式，具体来说，它出现在来自世界几大洲的基督徒的道德立场中；它以不同的形式在来自伊斯兰教、佛教和印度教国家的移民的观点中表达出来；而在美国原住民中，它的表达形式也是不同的。排斥自律思想也有诸多世俗的形式，它们拥有中世纪历史背景下的基督教世界观，保留了“爱你的邻居”的道德理想，但并没有保留上帝的存在。

我把受第一个伟大思想影响产生的道德观点总结为与世界和谐共生。诚然，没有多少道德问题会与距离我们十分遥远的那部分世界有任何关联，虽然接下来我马上会介绍一个有关道德问题的虚构的例子,会把整个物理宇宙都牵涉其中。尽管如此，在反对自律中心地位的观点背后，很多道德框架都有共同之处。它们都认为与某个比其自身更为宏大的事物保持和谐比保持自律更有价值。自从人们开始聚集在城市里一起生活，有一定规模的人群便学会了作为一个整体来采取行动。在人类历史的大部分时间里，这种情况基本上都是通过武力强制实现的，不过西方的一神论让人们产生了一种我们全都因为上帝的法则而团结在一起的感觉。当道德在现代时期世俗化后，第一个伟大思想的道德演化成为社会和谐的价值，或者说与自然环境而非整个宇宙保持和谐的价值。我们与什么样的人有身份认同？可以是有相同宗教信仰的人，相同种族、民族的人，可以是相同性别、国家的人，也可以是地球上所有生物，在科幻小说中则是整个人类对抗虚构的地外入侵者。因这些身份而产生的道德问题属于我们这个时代最有影响力的问题，它们迫使我们审视自己对自我的定义是多么狭义，以及自我是如何与人格这一所有人共同拥有的范畴产生关联的。我在前面提出过，要让自我治理有价值，一个必要条件是个体主体性的独特性。不过，自我治理如果不是与理性这一我们共同拥有的属性相关联,也将毫无价值。我们每一个人都既是一个人，又是一个自我，因此在我们的理性与主体性之间、在和谐与自律之间、在美德与权利之间不应该有冲突。然而，在源自这些价值观的言辞中，却存在着许多冲突之处。

要展现两个伟大思想在公共领域中的相互影响，环境伦理学是一个很好的例子。在西方历史的大部分时间里，人们都认为道德仅涉及人与人之间或人与上帝之间的关系。直到1960或1970年代都鲜有人关注人类与自然界中非人类部分之间的道德关系，尽管关注这一关系的思想至少在一个世纪以前就已经出现。[28]无论如何，“污染或破坏自然环境或大量消耗地球上的资源是不道德行为”的思想在伦理学的历史中相对年轻，至少在西方社会是这样。一个有趣的问题是，当说“这些行为是错误的”时,这一论断是否完全建立在“它们会损害未来人类”的主张之上，还是因为自然本身就具有内在价值？著名的思想实验“最后一人”验证了这一价值。[21]在这个实验中，我们想象地球上只剩下最后一个人，这个人也几乎只剩下最后一口气了。这最后一个活着的人决定，既然人类马上就要灭绝了，他似乎可以毁掉地球上一切生物，包括每一株植物、每一只动物和每一种有机生命体。假设他技术上能做到这一点，也确实去做了。他的做法有错吗？如果只有人类具有道德上的重要意义，那么他的做法就没有错。但那看起来似乎不对，澳大利亚生态哲学家西尔万和其他许多人得到的结论都是环境具有不依赖于人类利益的价值，是一种应该得到尊重的价值。

早期的一个环境关切是人口增长，其焦点有时在于人口增长对人类生活的影响，有时则在于人口增长对整个自然的影响。有人担心人口会超出地球承载各生态系统的能力，有人担心人口增长会导致普遍的饥荒。与对非人类环境的影响相比，后者对人们的道德想象产生了更强烈的冲击，我们在有关气候变化的道德关切上看到了相同的状况。气候变化不仅会影响人类生活，也会对我们这个星球产生某种影响。不过，让全球气候变化成为一场危机的还是它预计会对人类产生的影响。不管是会影响人类还是会影响地球，我们必须取得共识，这是当务之急，但到目前为止，我们还没有做到这一点。然而，不可否认的是以个体自律为中心的道德无法实现这一点。[22] 权利的语言似乎同样不足以引领人们之间的争论。谈论未来人类的权利是一项艰巨的任务，更不要说谈论自然的权利了，但是，对于那些认为道德最终归结为一系列权利的人们来说，他们别无选择。在我看来，对气候变化的应对是一个范例，表明需要运用美德和责任而非权利来构建某些道德问题。[23]

第一个伟大思想在现代话语中最有趣的实例之一是深生态学运动，由挪威哲学家阿恩·纳斯在 1970 年代发起。纳斯提出人们应该从两者间关系的角度来对自身与世界进行概念化，这样一来关心自然就成了关心人类自身的一种延伸。深生态学不仅仅是一种有关我们在日常生活中与其他人类群体间关联性的社群主义思想，也延伸了人类的身份概念，将整个自然都包括了进来。它毫不遮掩地摒弃了以第二个伟大思想为基础而形成的伦理观，几乎是重新引入了第一个伟大思想，就像我们在近几十年，也许是近几百年里所看到的。针对人类身份的关系观对大多数当代读者来说似乎并没有什么惊艳之处，因为人们如今对此已经非常熟悉，但在半个世纪以前,这种观点却是非常引人注目又有启发性的。

对整个生态体系的关切是第一个伟大思想在现代的表达形式。这种关切显然不像第一个伟大思想那样野心勃勃地将全部实在都纳入考虑范围，而是通常都不会超出地球这颗行星，但这也已经远远超出我们的道德想象通常抵达的范围。不过，我们也许可以思考一下如果发现自己的行为正在摧毁其他星球上的生命，我们会有怎样的反应。我们甚至可以假想一个极端的“最后一人”情境，在这个情境中，地球上的最后一个人有能力摧毁整个物理宇宙。如果我们在考虑摧毁整个物理宇宙这一选项时出现了一丝迟疑，那么我们一定认为我们至少有可能有责任让整个宇宙生存下去。关切宇宙通常意味着关切宇宙中一个特别微小的部分，但这种做法背后的逻辑可能会让我们坚持对自己能影响的那部分宇宙都产生关切。我们自己能力所及的范围已经大大超出了我们人类可以共同应对的范围，因此，对生态体系的关切并未超出地球的范围无疑是幸事一件。不过，如果我们确有能力去关切地球之外的事物，这将意味着什么？对这个问题的思考可以让我们对自己如何看待道德及道德对公共政策的影响产生一定认识。

在某些问题上，“自由派”立场是摒弃第二个伟大思想而更接近第一个伟大思想的道德观，“保守派”立场则是欣然接受第二个伟大思想，气候变化的政治就是体现这种差异的例子。不过在其他问题上，在区分支持第二个伟大思想的观点和更接近第一个伟大思想的观点时，并不是像这样按照自由派/保守派来划分的。在前一节中，我们探讨了堕胎和言谈举止中的礼貌问题。保护生命、反对堕胎的立场与根植于第一个伟大思想的道德观相关联，保护堕胎权的立场则与自律以及第二个伟大思想紧密相连，但是保护生命的立场几乎总会被判定为保守派思想，保护堕胎权则是自由派思想。相比之下，对侮辱且粗鄙的言论的保护通常都与保守派和政治权利相关联，但其背后的基础是自律和第二个伟大思想，而对此类言论的批评，也就是认为不文明的发言破坏了对人的尊重的观点，通常都与自由派或者左翼立场相关联。

就拥枪权而言，保守派立场也是以自律为基础，包括（在某些地区）对个体在面对政府时仍拥有自律权的关切。枪支管控的支持者认为枪支给社会带来的不利影响远重于枪支所有者自律选择防卫或娱乐形式的权利。对枪支管控的支持与第一个伟大思想没有任何直接关联，但它显然将社会和谐与和平摆在了优先于枪支拥有者自律权的位置上。

当我写下这些时，公众正在就应对新型冠状病毒大流行的最优举措展开辩论。当一种严重危害公共卫生和安全的病毒让个体的行动自由权遭到威胁，导致行动自由权赖以为基础的个体自律与防止病毒传播的公共需求之间产生冲突时，个体的行动自由权才在公民话语中得到了关注。似乎出于对个人自由的考虑而反对封锁令的人大都是政治上的右派人士，而那些最坚定地维护限制性措施的则来自左派。

相比之下，在对性伴侣的选择方面，包括在对婚姻的选择中，自律的价值通常被解读为自由派立场，认为自律只是对同性婚姻的一种辩护，而摒弃自律态度的通常被认为是保守派立场。在不直接伤害他人的前提下，在一切事务上都具有自我治理的权利是政治自由派的核心信条，自从避孕手段的广泛应用将性行为与生育剥离后，自由派就开始认为性行为与浪漫关系仅与其当事人有关，而与其他任何人都无关了。

群体认同的政治尤为有趣，因为它在政治上既可以向左也可以向右，体现了自我思想在20世纪晚期的演变。弗朗西斯·福山认为身份政治的基础是一种尊严感，人们在这种尊严感中想要获得的是作为社会某个亚群体的一员而得到尊重，而不是仅作为广义的人类这一地位已经被忽略、贬低了的群体中的一员而得到尊重。[24]如果福山是正确的，那么黑人、西班牙裔、女性、移民、性少数群体等都将这个社会的政治注意力转向了一种新的尊严感，它不同于我们作为人类一员所具有的尊严，也就是第一层意义上的尊严，但它也并不是第二层意义上的尊严。它不是一个人因自身的独特性而固有的尊严，尽管它是身份的尊严。就自我思想在近几十年来的发展而言，最有趣的侧面之一在于，自我通常从某种程度上说是由并非仅在我们身上独有的特点来定义的，只不过这些特点没有在其他大多数人身上发现而已。[25]我们每个人都应该得到尊重，不仅仅是因为我们作为人类所具有的卓越价值，也不仅仅是因为我们每个人作为一个独特的自我是无可替代的，而更因为我们具有一些我们自认为是自身一部分因而特别有价值的特点，不过这些特点往往都被忽略了，而且有时也会遭到他人的贬低。作为人类群体中的一员与作为某个人类群体中的一员之间还有很长的距离。宗教认同、民族认同、性别认同和国家认同都是具有心理与情感力量的群体认同。几乎没有人会因为自己是唯一已知理性物种的一员而感受到任何情感力量,与做一个独特的自我同等重要的是,我们需要与他人产生认同，这些人具有某些我们同样拥有且认为最有价值的特点，尤其是那些并不被其他很多人珍视的特点。

我提到的某些群体身份与左翼政治相关联，尽管国家身份并非如此。对很多人来说，国家身份意味着因种族或性别而产生的身份变得没有那么重要了，同样，我们共有的人性的尊严也变得没有那么重要了。有些群体身份具有与性别身份、种族身份、民族身份同类的心理基础，但在政治导向上属于右翼。近来，低收入的白人工人和乡村社区的居民都感到文化变迁使得他们的身份遭到忽略，因此他们创造了另一种身份政治。要问我们属于哪个或哪些身份群体，答案会因为我们每个人对自我与世界间关系的不同认知而变化。我们可能都很珍视我们人人都拥有的理性，不过我们的理性通常不会遭到攻击。人们常常会觉得自己主体性的某些侧面不是被忽略了就是遭到了诋毁。不过，无论一个人认为身份是如何在政治中被利用的，难以否认的是，与在主体性上具有某些相同面向的人建立联系，并敦促在主体性上没有这些相同面向的人们对前者表达欣赏，正是我在第一节中讨论过的第二种尊严所要求的，也就是自我的尊严所要求的。

因此，我认为，在公共政策问题上，要判断一派观点是保守派还是自由派，不能依据这一派观点对自律重要性的判断以及它是否以第二个伟大思想为基础。第二个伟大思想在堕胎问题上代表的是自由派观点，而到了环境问题上，就变成了保守派观点；在拥枪权问题上是保守派观点，在同性婚姻问题上，就变成了自由派观点；在保护侮辱性言辞和应对新型冠状病毒疫情的问题上，都是保守派观点。身份政治通常都是自由派观点，而且从它所捍卫的那类尊严来看，它更接近于第二个伟大思想，不过国家认同和反对移民的思想就是保守派了，尽管这些思想也都彰显了群体身份。我认为针对这些问题，如果我们能清晰地找出分歧点背后的根本价值，那将会很有帮助，因为与普通的政治分歧相比，这些问题上的分歧点都具有更深层次的根源。

詹姆斯·戴维森·亨特在30年前将“文化战争”一词引入大众词汇之中。亨特探究了诸多社会问题上激烈对立的观点，并将这些对立的原动力归结于不同道德框架的冲突。亨特分别将对立的两派中最为极端的群体称为“正统派”和“进步派”。在亨特的著作面世后的几十年间，这种对立变得越来越尖锐。对立的人们彼此之间越来越疏远。双方都为了实现各自目的而操控政治过程。道德站在自己这一边是他们最坚定的信念，他们认为这一信念比任何政治、文化制度都更为重要，甚至与法治相比，其重要性也有过之而无不及。

然而，我们应该如何称呼这样对立的双方呢？“进步派”和“正统派”等名词有助于我们明确一系列道德、政治主张，但并不能告诉我们人们用什么来证明相比于对立的一方自己才是有道理的一方。如果你知道某人是“进步派”，你完全可以猜出他对一系列问题会有怎样的观点，同样，如果有人告诉你他们是“正统派”，你也可以猜测。不过，如果你秉持一种观点，而他们站在了你的对立面，那么你会很想在他们的概念框架中找到他们与你分道扬镳的那个点。这个点可能会让他们在别的问题上与你的观点更为相近。如果自律的价值就是那个点，那么你可能可以搞明白为什么它会让你们在某个问题上意见一致，然后又在其他问题上出现分歧。如果那个点变成了与社会或自然世界和谐共生的价值，那么也会出现同样的情况。

把对立两方中的一方称为“进步派”会出现的一个问题，就在于进步的意义是处于持续变动之中的。有时，可以被称为“进步”的变化是走向第一个伟大思想（比如气候变化、文明礼貌）；有时，进步是向第二个伟大思想转变（比如性道德、种族身份）。有时，“进步派”人士反对某种社会变化（比如枪支泛滥和民族主义的兴起）。“进步派”和“正统派”等名词仍然很有用，人们通常都认为自己属于其中某一派；但我的关切点在于，在那些看起来不可调和的道德和政治争论背后是观点的差异，如果要让人们将注意力放到造成这些差异的根源上，这样的标签并没有多少帮助。如果人们能够找到在支撑各自观点时发挥了基础性作用的价值,比如自律，或者诸如社会和谐、与上帝或自然形成共同体等价值，那将会很有帮助。这让我们可以专注于这些价值的根源以及它们各自的正当理由。在道德框架深层次的冲突背后，是对于个体思维与世界之间相对重要性的不同看法，这也是本书的论点之一。尽管两个伟大思想并不冲突，但世界先于思维的思想和思维先于世界的思想之间确实有冲突，我们也看到了这一冲突的历史。然而，是否真的有很多人全心全意地接受了其中一种思想而摒弃了另一种思想，这仍然有待商榷，因此，几乎我们每一个人都既与和谐的价值相关联，又离不开与自律的价值。基于这个原因，我们的各种争论就几乎不可能无法解决了。我将在第六章中再次探讨这个问题。

第一个伟大思想让思维聚焦于世界这一整体。人类的一员是一个人，由其在宇宙中的位置所定义，以理性为基本属性。占主导地位的道德价值是与世界和谐共生，其中的世界是一个由理性支配的世界。为了实现和谐共生，个体需要美德。第二个伟大思想让思维专注于思维。人类的一员是一个自我，由其主体性定义。占主导地位的道德价值是自我治理意义上的自律。道德话语关注的是权利而非美德。义务是权利的补充，而不是个体要对全体所担负的责任。

我在前面已经论述过，在对思维和世界进行概念化时，不同的方法对很多问题都产生了影响，不过，我们中几乎没有人会完全坚持某一种方法，而从不考虑其他方法。这是因为两个伟大思想的历史都已经内化于我们，不管我们是否有意识地研究过这一历史。我认为，当我们在重要的道德问题上出现分歧时，我们可以深入挖掘，找到分歧背后的价值，希望我们并不总是要挖掘到和谐或自律等价值时才能找到共同点。不过，有时，我们需要挖掘到比和谐和自律更深的层次，当我们真的这样做时，我想我们挖掘到的会是两个伟大思想。当我们真的走到了这一步，我们就必须承认我们并没有将两个思想很好地融合在一起。

掠影　乌托邦式自我：拉尔夫·沃尔多·爱默生

在那引人入胜的随笔《论自助》的开篇，拉尔夫·沃尔多·爱默生引用了古罗马诗人佩尔西乌斯的一首讽刺诗中极为古怪的一句，“Ne te quaesiveris extra”，可翻译为“不要在你自身之外寻找自我”或者“不要在你自身之外寻找（答案、观点）”（你会发现这两个译文并不是同一个意思）。爱默生将这句话运用到了极致，发出了让人们相信自我的激动人心的呼喊。不管你在追寻什么，不要向外看，要向内看你自身，包括你的思想、观点和价值。一个能够自我满足的人最接近上帝，因为自存是神明的属性，自存进入人类灵魂或其他任何低等形式的程度有多深，这个形式就有多好。爱默生虽然没有提到柏拉图，但他似乎接受了柏拉图“真与善合璧”的思想，认为一个事物越真，便越善。

爱默生宣称这个世界隐秘的事实是灵魂会**成长**，这个事实总会让过去变得糟糕，让传统变得毫无用处。道德在自我之中展现，而非来自所谓的逝去年代的智慧。每一个灵魂都会表达一个独特的神圣思想。这样一来，要忠实于你自己，你就决不能做一个顺从的人。社会处处都在密谋让我们去模仿他人,但我们必须有勇气来与此对抗。“模仿无异于自杀”，爱默生如此宣告，不过“上帝是不愿意让懦夫来展现他的伟业的”。

神秘之处在于你发现于自身的正是这世界的神圣之光，“当我们发现了正义、发现了真理，我们自己并不会去做什么，而只是会让它们的光辉穿过”。准则就在我们自身之中：“灵魂与圣灵之间的关系非常纯洁，如果试图插足其中予以帮助反而是一种亵渎。情况一定是这样的：当上帝开口说话，他所表达的应该不是一件事，而是所有的事；他的声音应该

图 8　爱默生提出了透明眼球的思想。这个眼球具有吸收能力而非反射能力。他提出这个思想，是想给人们提供一个工具来实现与自然的和谐统一。

响彻整个世界；他应该从现今思想的中心将光明、自然、时间、灵魂散播出去；让全体重新开始，从头创造。”因此，在爱默生看来，在你的自我之中有一个直接的出口，可以去面对最初的创世奇迹。

对爱默生来说，内在的精神就是外在的精神。正是在这种力量之中，万事万物找到了共同的起源。相信第二个伟大思想，你便也免费收获了第一个伟大思想。

第五章

我们可以理解全部实在吗？

眼睛可以看到它自己吗？

总有一天，像我们这样的人会比我们现在更了解我们是谁，以及我们每一个独特的思维是如何融入我们所居住的整个宇宙的。可能我们要花费数百年才能取得显著进展，但我们一定会取得进展。它将属于你，也属于我，因为取得这些进展的会是那些对人类在这些问题上的思想历史了如指掌的人，而他们所熟知的那段历史将包括我们当下正在取得的一切进展。

关于思维，也许我们了解得不多，但我们知道它是存在的，或者说得更谨慎些，我们有意识，我们也意识到了我们有意识。我们把一切有意识的事物都称为思维。我们也同样知道在我们所意识到的事物中，有一个并不算是有意识的事物，我们将它称为世界。人类思维可以理解整个世界的思想，是人类思维可以理解世界某个部分的思想的自然延伸；人类思维可以理解其自身的思想，是人类思维能够意识到其自身有意识的思想的自然延伸。[1]两个伟大思想是不同的思想，但它们都起源于同一种人类思维所具有的自然力量。

精神科医生伊恩·麦吉尔克里斯特从左右脑不同功能的角度讲述了西方文化的历史。他认为在历史上的某些时代，包括我们当下的时代，左脑对右脑的支配地位给我们带来了严重问题，因为左脑并不是一个优秀的指挥官。左脑关注细节，善于分解与分析，负责语言功能。右脑偏重整体，与外在的物理环境和我们自己的身体有更为直接的关联，负责音乐和非语言交流功能。根据麦吉尔克里斯特的观点，大脑的两个半球都可以让我们得到知识，但它们的运转方式不同。有时，我们的某些理解无法用语言表达出来，我认为这种情况非常重要，与我们对主体性的理解和表达方式相关联。我不知道麦吉尔克里斯特论文中的观点是否正确，但我认为他关于当代西方忽略了右脑的观点与对主体性的忽视有关。这样一来，我们对主体性的理解与对客观世界的理解之间的冲突就很有可能具有生物学基础了。无论如何，在我们对实在这一整体所形成的概念中，我们并没有特别好地将两者关联起来。我们认识客观世界的方式几乎总是占据主导地位。

在本书开头，我曾说过我并不认为两个最伟大的思想是正确的，但它们表达了人类灵魂深层次的渴求，它们中的任何一个都从不曾消失。我们已经看到了两个伟大思想的某些局限性。忽视主体性是第一个伟大思想的一个问题，因为一个思想如果没有包含主体性，那就不是一个关于全部实在的思想。第一个伟大思想驱使我们尝试把主体世界与客观世界合并在一起，我将在下面两节讨论这个过程中常用的两种方法。我们也看到了思维可以理解其全部自身的思想所具有的局限性。如果思维无法理解其全部自身，那么第一个伟大思想也会面临问题，因为由于我们的思维是实在的一部分，所以不管我们从哪个角度来说无法理解全部自身思维，都意味着我们从这个角度来说无法理解全部实在。在思维理解其自身的能力所面临的局限性中，有些可能可以解决，不过在这一节中，我想解决的是一个意味着思维原则上无法理解其全部自身的问题。自古以来，这个问题一直吸引着人们的想象，具体来说，呈现在人们面前的是一个特别生动的问题："眼睛可以看到它自己吗？"

当思维转向内在，有可能就不存在边界了。也许思维可以持续不断地自省，不断深入，但永远都无法到达其内在的最深处。如果这就是思维理解其自身时发生的情况，那就不存在内在边界了，但思维无法理解其全部自身，因为思维总可以向内走得更远。

另一种可能性是思维在向内走得越来越深时，遇到了距离自身最远的事物，也就是上帝，或者说是宇宙的基础。这种思想的一个实例出现在奥古斯丁的《忏悔录》中。在《忏悔录》里，奥古斯丁在对自己记忆的力量进行深入思考时谈到了上帝：

> 我的上帝，哦，我真正的生命，现在我要做些什么？我应该超越我记忆的力量，超越它而去向你，哦，美好的光。你有什么话要对我说？你高高在上，我要运用我的思维上升到你的身边，我应该超越我那被称为记忆的力量，渴求在可能碰触你的地方碰触你，在可能紧挨着你的地方紧挨着你。

奥古斯丁似乎是在说他的思维从某种意义上说是向内开放的，其中不存在一个有固定边界的核心。如果奥古斯丁的这个观点是正确的，那外在事物就可以通达思维的内在，而不是仅仅碰触到思维外在的知觉表面。然而，如果思维没有一个具有固定边界的核心，那么对思维进行概念化就会非常困难，因为人们在想到思维时，很容易把它想象成一个三维物体，比如一个球体。就这样一个物体而言，物体的中心是距离物体外部事物最远的地方。不过很多见解深刻的人都表示这并不是实际情况。他们说当他们试图拿掉思维的内容后，有些东西还是保留了下来，这些东西把他们和外部世界统一在了一起，而且比他们通过感官与外部世界统一在一起时更为紧密。这听起来仿佛思维像一个甜甜圈，中间有一个洞，通过这个洞，思维可以进入它之外的事物，或者说，思维的内在和外在之间没有界线，没有差异，就像一个克莱因瓶。这意味着我们得到了一个维度多于三个的物体模型。然而，思维很有可能根本没有维度，这样一来，我们的模型就行不通了。

如果做出理解行为的事物与被理解的事物之间总是存在差异，那么思维对其本身的理解就具有另一种不可逾越的局限性，也是我想在本节中探讨的局限性。当我们进行内省时，是什么在进行内省？奥古斯丁是用什么穿透自己的记忆并继续向外延伸的？奥古斯丁说："我无法完全理解我的全部。思维还没有大到可以完全容纳其自身，那么没有容纳在其中的那部分思维会在哪里呢？是在思维自身之内还是在其之外呢？思维怎么会无法容纳其自身呢？［怎么会有不在思维自身之中的思维呢？］"这段文字表明在思维面前总有些什么是躲藏起来的，就像维特根斯坦说“眼睛看不到它自己”时所要表达的。是因为思维中的某个部分总是在做出理解行为，所以我们不能理解它吗？[2]

我们也并不是被迫得出了这个结论。要理解为什么这么说，让我们再次审视这句话，“眼睛看不到它自己”。维特根斯坦并不是思考这个问题的第一人。柏拉图在《亚西比德初篇》中运用了这句话。[3]在这篇对话中，苏格拉底让亚西比德认可了眼睛不能直接看到它自己，但当被反射在他人眼睛里时，就可以看到它自己了。苏格拉底认为当眼睛被反射在与它相像的物体之中时，尤其是被反射在他人眼睛这一能够激发视觉这个眼睛最重要功能的地方时，眼睛可以比在其他任何情况下都更好地看到自己。与此相似，苏格拉底提出灵魂如果要了解其自身，就必须将目光转向另一个灵魂，尤其是转向这个灵魂中能够激发智慧这一灵魂卓越之处的部分。灵魂的这个部分与上帝相像，“所有看到它并且了解一切神圣事物（包括上帝和理解在内）的人在了解自己时，也会比别人做得更好。”因此，灵魂通过审视另一个灵魂而最全面深刻地理解了自身的某个部分，正是这个部分激发了灵魂自身最卓越的特性，灵魂也正是通过对这个部分的理解而比在其他任何情况下都更好地了解了其自身。在现代，我们有种思想是说“灵魂中总有些什么，让你的灵魂区别于他人，让你的灵魂成为专属于你个人的灵魂”，想一想古代与现代的两个思想之间又有多大差距呢？

奥古斯丁也探讨了眼睛无法看到其自身的思想，不过得出了不同的结论：

> 既然**没有什么能比思维自身更好地呈现在思维面前**，那么，为什么思维在理解了其他思维之时，却不理解其自身呢？不过，如果就像一个人的眼睛对他人的眼睛比对其自身更了解，那么就不要让思维去寻找其自身了，因为它永远也找不到。鉴于眼睛除非照镜子，否则永远也看不到它自己，而且无论如何也不能认为任何此类情况同样适用于对无形事物的思考，这样一来，思维应该可以说是在镜子中了解了自己。（黑体出自原文）

根据奥古斯丁的观点，适用于眼睛的情况并不适用于思维，因为思维通过形象来理解有形的事物，但在理解其自身时并不是通过这种方式。思维通过持续不断地把自己展示给自己来了解自己。那么，这样一来，思维为什么还需要寻找其自身呢？

答案是思维把自己与其所钟爱的有形事物的形象联系在了一起，它无法将自己与这些形象区分开来。这意味着当思维被要求认识自己时，它应该通过剥去附加于自己的那些形象来向内寻找。

> 因此，让思维认识它自己，不过不要让它仿佛自己不存在那样去寻找自己，而是将［自发的］关注行为聚焦于自己，以此让它徜徉于其他事物，从而让思维可以思考自己。这样一来，思维将会看到自己无时无刻不在爱着自己，无时无刻不了解着自己；然而，与此同时，思维也爱着另一个事物，因此，它将自己与这个事物相混淆，从某种程度上说它已经与这个事物融为一体。因此，尽管思维囊括了多种多样的事物，仿佛它们是一个整体，但其实是思维自己将这些多种多样的事物当作了一个整体。

奥古斯丁没有提到在现代时期变得尤为重要的主客体之分，但在他回答“我们为什么会在已经了解了自我后仍被要求‘认识你自己’”的谜题时，隐含了某种近似于主客体之分的意味。对一个人自身作为经验主体的意识相较于对包括一个人自身在内的任何事物作为客体的意识，是非常不同的。让我们回到前面引用过的《忏悔录》片段。奥古斯丁提出思维无法“包含其自身”，并问自己“思维是在其自身之内还是在其之外呢？思维怎么会无法容纳其自身呢？怎么会有不在思维自身之中的思维呢？”要回答这个问题，就要摒弃“意识总是关于某个对象”的思想。奥古斯丁反复重申没有什么能比思维自身更好地呈现在思维面前，但这并不等同于说“思维像其自身包含感知或思考的对象那样来包含其自身”。灵魂与眼睛不同，我们的眼睛要通过看自己在他人眼睛中的形象来看到自己，但灵魂不需要通过这种方式来看到自己。灵魂可以意识到自己是在观看的一方，但并不是一个被观看的对象。我在意识中的存在是我们无论何时都不会丢弃的，这也就是为什么奥古斯丁坚持认为没有什么能比思维自身更好地呈现在思维面前。正是当我们“徜徉于其他事物之间”时，我被其他事物掩盖了起来。

又过了 1300 年，后康德时代哲学家约翰·戈特利布·费希特给出了能够支持奥古斯丁观点的论证。不过就我所知，费希特在论证中并没有提到奥古斯丁。费希特针对主体性给出了系统阐述，将自我意识放在了其中的核心位置，成为西方历史上第一个这样做的哲学家。费希特认为，除非我们对自我有直接的认识，否则我们将永远都不会知道当我们转而关注存在于反思中的自我（或部分自我）时，我们意识到的是**我们自己的自我**而非外部物体。除此之外，除非自我总是很了解其自身，否则我们将无法解释是什么促使自我转向了存在于自我反思中的其自身。一定存在对自我的某种意识，从而让自我知道某些事物需要关注以及该去哪里寻找它们。[4]

在我看来，这两点很简单，但意义深远而重大。它们支撑了奥古斯丁“思维总会呈现在其自身面前”的论断，它们之所以能够支撑这个论断，是因为揭示了当认为意识中实际上存在主体与客体之分时所面临的一个问题。迪特·亨利希提出费希特终其一生都被“看到自身的看”的思想吸引。他认为这是哲学中的基础问题，始终尝试用更加清晰的语言进行表述。亨利希表示他在很可能写于1812年夏天的手稿中找到了能够证明这一点的证据。在这份手稿中，费希特写道：“8月18日，假期。我做了一个梦，梦里有一个任务在我面前格外耀眼。‘看到’是眼睛看到其自身。”费希特接下来表示自我与其自身的关系是一种对自我自身来说显而易见的认知，可以用来解释除了自我自身存在之外的一切。

我将在后文中再次探讨自我意识可以用来解释我们对其他一切事物的理解的思想，不过，在这里，我想说的是我认为“自我对其自身作为主体有意识”的结论是令人信服的，但在18世纪，大卫·休谟提出当他审视自己的思维时，并没有得到对自我的认识，许多哲学家都与休谟站在了一边。[5]休谟得到了一些感官上的认识，比如对红色的认识，也得到了一些感受上的认识，比如对悲伤的认识，还得到了这些认识在观念中的反映，但是并没有得到“在这些感官和感受背后存在一个自我”的认识，而且鉴于没有认识在先就不会产生思想，因此，在这里也就不存在有关自我的观念。自我是一系列思维状态。再套用一下眼睛的比喻，对休谟来说，眼睛是不存在的，因为眼睛无法被感知，我们也没有理由相信任何不能被感知的事物是存在的。

休谟的论断以内省经验为基础，我们也许可以用引导式体验来验证这一论断。现在很多正念冥想技巧都很受欢迎，在进行正念冥想时，冥想者练习作为观察者而不是承载者来认识自己的思维状态。在其中一种正念冥想中，你要从观察自己呼吸的感觉开始，这一步很简单；接下来要观察声音，这一步也不困难；然后是观察你脑中不断闪过的想法，仿佛它们是天空中飘过的朵朵云彩。我们会被温柔地告知要去观察这些想法，而不是控制它们，就让它们保持自己本来的样子，你只需要看到它们出现又褪去。根据我的亲身经验，这一步很难，因为当想法出现后，哪怕只是下意识的想法，都会立刻变成思考控制的对象。更为艰难的是去观察一个人的痛苦。这样的练习锻炼了我们去关注进行观察的自我与这个自我的思维状态之间的分离，这种技巧大概只有在进行观察的自我是与由经验得来的思维状态彼此分离的情况下，也就是与休谟的主张相反的情况下，才能行得通。不过，更高阶的冥想者则表示，随着冥想不断深入，自我消失了。当代正念冥想起源于佛教，是亚洲思想对西方有关思维的观点所产生的影响在流行文化中的具体体现。[6] 我对佛教的无我体验没有任何看法，但完全可以说，在对思维进行研究时，如果我们能把更多东方思想的智慧与西方哲学和经验科学相关联，那么我们了解自身思维的前景就越发光明。“当我们深入自身思维时，我们体验了什么”的问题在两个伟大思想的相互关系中处于核心位置。这种体验塑造了思想，也可以改变这些思想。

理解世界的思维与理解其自身的思维是同一个思维。如果思维是一只眼睛，那它是一只把目光既投给自己也投向外部世界的眼睛，我们已经注意到这个比喻中存在的一些问题。藏传佛教用另一种比喻来描述思维与其自身的关系。瑜伽宗的自证（反思）概念被比作黑暗屋子里的一盏明灯，既照亮了屋子里的物品，也照亮了自己。我们可以将这个类比继续下去。当灯照亮自己时，灯与屋子里物品的区别非常清晰。然而，抛开发光的能力，灯又是什么呢？我们可以想象一盏灯，它在照亮屋子的同时也给自己增加了其他特性，使自己发生了变化。灯的核心在于其照明能力的来源，奥古斯丁说灯在照亮其他一切的同时，把其自身也照亮了，我认为他是正确的。不过，正如奥古斯丁在前面的引文中所说的，思维勾勒的外部事物的形象扭曲了思维对其自身所形成的形象，将不存在任何形象的思维核心隐藏了起来。我们常常会谈论随时间变化的自我形象或自我概念。对这个现象的一种善意解释是通过把形象归集到我们创造形象的核心，我们得以创造出一个自我。也许自我只是我们所塑造的样子，正如萨特在20世纪中期所坚持的观点。不过，毫无疑问，奥古斯丁是正确的，在这个过程中，自我有很多种方法来隐藏、伤害或扭曲其自身。外部力量也有很多种方法来扭曲自我，这正是20世纪思想中最重要的主题之一。奥古斯丁对思维理解其自身能力的评估非常乐观，但这个能力至少在最近一个世纪里一直承受攻击，而且现在这些攻击之词还摆在我们思维的面前。第二个伟大思想在文艺复兴时期的崛起对人们来说是一种赋能的体验，它的衰落让人们产生一种失能的体验也就不足为奇了。不管眼睛能否看到它自己，这个问题带来的挑战只是第二个伟大思想所面临攻击中的一个小火力点。更深层次的挑战是把眼睛看到其自身的能力与其看到世界的能力相融合。

由内而外的实在

客观世界与主体世界的区分在现代时期固化了下来，这让理解整个世界的任务变得更加艰巨了。自我被发现之前，人们在对世界这一整体构建概念时没有考虑自我，这是无意识的结果。自我被发现之后，在有关世界的许多概念中，自我被有意忽略了。这种应对并非绝响：在脱胎于19世纪唯心主义和20世纪现象学的哲学流派中，主客观的区分遭到了抵制，主体性被赋予了核心地位，就像在费希特的著作中那样。在这一节中，我想对分析哲学做出的应对进行探究。这方面，占主导地位的做法是将自我与世界更彻底地剥离，创造出一种主观与客观之间的二分法。自现代早期开始以来，在“客观物体组成的世界是首要的”这一观点的影响下，第一个伟大思想的大多数表达方式中都没有出现主体性。这种缺失是有意为之的结果。这让人忍不住要把我们的思维和话语领域划分为硬科学、艺术和人文学科。与主体性有关的一切都被归为艺术与人文学科，那些起源于第一个伟大思想又能够接受主体性的领域，比如哲学和神学，就不得不选择其中一边。

在接下来两节中，我将做出一个常规假设，也就是将世界这一整体划分为不包含主体性的客观世界和我们自身独特的主体性。如果我们以这种划分为起点，那么我们如何可以尝试将两者合并成一个有关全部实在的观点呢？我可以想出两种常规方法来构建这样的观点。一种方法是从对客观世界的一个观念开始，然后尝试将我们的主体性加入其中。作为起点的概念可以来自古代、现代，也可以是全新的。[7]但这个概念必将是一个有关整个客观世界的概念。我们可以将这种方法看作是自外而内地构建一个有关实在的概念。

另一种方法是由内而外地构建一个有关这个世界的概念。从一个人自身的思维内容出发，运用这个人的思维能力先逐渐构建出一个有关客观世界的概念，然后再构建出一个更宏大而全面的概念——既包含这个人自身的思维，又将客观世界纳入其中。换句话说，这个方法就是尝试通过以一个人自身的主观意识为出发点，构建出一个有关宇宙这一整体的观点。

自外而内的方法试图将自我作为主体放入一个之前就已经存在的有关世界的概念，这个概念中有作为客体的思维，包括一个人自身的思维。这种方法将是尝试通过**做加法**来把一个人独特的主体性放入一个关于世界的客观概念中。相比之下，由内而外的方法是通过**做减法**来发挥作用，也就是把一个人意识中的独特之处从关于这个世界的客观概念中剔除——后者脱胎于这个人的思维内容（大概会与他人有关）——然后再尝试将它们关联起来。与客观世界相比，主体性是一个完全不同的实在的秩序，因此自外而内的方法所面临的挑战是偷偷将一种不同类型的实在塞入一个客观的概念。由内而外的方法也面临同样的问题，只是方向相反。似乎必须要用魔术才能从一个人思维的主观状态中得到一种有关实在的客观秩序，并将两者彼此关联起来。我们如何可以从主体性中得到客体性呢?

让我们从由内而外的方法开始。我们是被动形成了一种由内而外的世界观，因为我们知道这个世界并不是我们头脑中看到的那个世界，而且我们是从自己头脑中了解到了这一点。我们要做的就是将我们自身的主体性作为基础，然后尝试在此之上构建出一个关于全部实在的概念，这将是一个既客观又主观的概念。我们能不能让思维不断地延伸，一直拓展到社会世界、自然世界，然后把它们融汇成为这个世界中的全部存在?

要回答这个问题，我们需要更深入地探讨一下主体世界与客体世界间的差异。主体与客体之间的差异和思维与实在之间的差异并不相同，也不同于内在于自我的事物与外在于自我的事物之间的差异。我们知道这种差异不同于思维与实在之间的差异，因为贝克莱的唯心主义并没有解决将主体性与客体性融合的问题。贝克莱的论证优雅地指出：如果除了思想，其他一切都不存在，那么许多哲学问题就将得到解决。思维如何可以理解处于思维外部、由物质这一完全不同的材质构成的物体？如果理解世界就是理解思想，那么这个谜题就解决了。物质是不存在的，也没有什么是独立于思维而存在的。诸如椅子、星星等普通物体都是一系列思想，而上帝是一个无限的灵魂，让我们产生了这些思想。因此，理解了我们的思维就是理解了大部分的世界。贝克莱把外部世界放入了思维之中，看起来这一做法使第一个伟大思想和第二个伟大思想的融汇变得更加简单了，但实际上并非如此，因为主体性与思维之物并不是一回事。主体与客体间关系的问题，并不是一个关乎思维是由什么构成、世界又是由什么构成的问题，而是一个如何把主体的独特视角与我们所栖身的整个宇宙相融合的问题。

主体与客体间的差异也不同于思维内外部事物之间的差异。我们可以把自己的思维状态当作客体，把他人的思维状态当作主体。前者是自我反思，后者是主体间性。客观事物是不依赖于主体的事物。我们的思维状态具有客体的特点，他人的思维状态具有主体的特点。如果以一个人的自身思维为起点去构建对客观世界的看法，那么其中的问题就在于要从某种依赖于主体的事物出发得到某种不依赖于主体的事物。

如果客体性是独特性消失的地方，那么要确定这个地方在哪里，唯一的方法便是通过他人。我在第三章提到过英国哲学家伯纳德·威廉姆斯的一本书，在这本书中，威廉姆斯一眼便看到了这个地方。他提出用一种由内而外的方法来获得他所说的“实在的绝对概念”。“绝对概念”的思想被威廉姆斯回溯到了笛卡尔，且在构建对世界的科学表征的过程中得到了延续。威廉姆斯支持的（由查尔斯·皮尔士提出的）的观点是：对于那些将自己的思维内容与他人思维内容关联起来的探究者来说，客观物质世界将是这个群体的相聚之处。通过对比自身与他人的意识，这个群体可以创造出一个对没有意识的世界的表征，然后这个表征可以扩展到包含意识，接下来还可以再次扩展，将有意识的个体的种种观点彼此关联起来，进而与没有意识的世界关联起来。威廉姆斯说，完成这一切后，我们就将获得关于实在的绝对概念，而这将是第一个伟大思想的一种表达方式。

通过由内而外的方式来获得对世界的全面概念，不需要将科学置于核心位置，但通过威廉姆斯所描述的做法却需要。这是一种由自然科学来驱动第一个伟大思想的思想，是有神论和佛教在当代思想世界的主要竞争者。物理主义是最朴素的自然主义，其信条是除了物理实体其他一切都不存在，其中物理实体指的是物理学认定的实体。[8]不存在非物理的存在。人类个体的意识由意识可重复的特征组成。意识被还原为了生命物质，生命物质又还原为了非生命物质。随着物理世界中的基础元素历经数十亿年的发展，一切人类文化实践，包括道德、宗教、艺术、文学、哲学，当然还有科学，都包含了大量由这些基础元素构成的组合。我们在哪里可以找到音乐创作、敬畏之情和爱的表示？在物理世界中可以找到，在物理世界各部分之间的相互作用中也可以找到。我们可能会用非物理的名字来称呼某个事物，我们对这个世界里实体的概念也可能是思维概念，但它们依然指向物理实体及其属性。[9]

第一个伟大思想的物理主义表达方式很有吸引力，从一定程度上来说，这源自经验科学自 17 世纪以来在描述物理世界并让我们得以掌控这个物理世界方面取得的伟大进步。物理学迅速扩展到了化学、生物学和至少部分心理学等领域。它似乎吞并了其他一切经验科学，同时也带来了令人难以置信的技术发展，几乎影响了我们实际生活的每一个方面。将生物学纳入物理学的进程遭遇了一些障碍，对于将心理学并入生物学，也存在反对的声音，然而，这整个规划简单明确，尽管面临阻碍，依然得到了大量支持。

我们为什么会认为“通过物理学的经验方法所能发现的就是全部实在”？这个说法并不是基于经验。它不是一个物理学的判断，而是一个形而上学的判断。另外一个解释在第三章中提到过，也就是认为物理学是一个闭合的因果系统的思想：处于物理世界之外的任何事物无论如何都无法与物理学所描述的处于物理世界之内的事物产生相互作用。然而，这也不足以解释物理主义的出现。真正推动这一观点出现的是对全部实在建立统一理解的渴望，以及我们最终将有能力建立这样一种理解的信念或者至少是希望。毫无疑问，物理学将大部分实在世界都统一了起来，因此，如果物理学是一个闭合的因果系统，同时在这个系统之外仍有事物存在，那么我们对于实在的认知就不是统一的了。或者更谨慎地说，实在并不是围绕着物理学现象及其原理而统一起来的，尽管它其实可以从另一个方向上统一起来。第一个伟大思想不是一个科学思想，但科学有能力表达第一个伟大思想。

在争夺作为第一个伟大思想在西方的主要表达方式的竞争中，有神论是主要参与者。伴随科学声望的崛起，有神论在知识文化中逐渐衰落，这也一点都不令人惊讶。在很多人看来，有神论哲学家没能描绘出一个将科学的判断融合进有神论的统一的形而上学图景。几乎没有人相信有神论可以与科学相容，然而，更严峻的挑战是，将有神论与科学结合后，我们对实在产生了分裂的认识。[10] 其中的原因在于物理学不需要用有神论来解释物理现象，因此，如果有关实在的全面图景中已经包含了经验科学而此时仍要加入有神论，那么这个图景就会看起来具有两个不相干的存在领域：一边是物理实在的领域，另一边是意识、目的、价值和上帝的领域。

不过，有趣的是，让这个图景分裂的并不是有神论，而是现代哲学对思维和自然的重新定义。在古希腊和中世纪哲学中，思维是自然的一部分，思维包含意识。笛卡尔想要区分经验科学研究的事物与它不研究的事物，便把思维从自然中剥离出来，让自然变成了一个遵循科学规律的机械论的事物，思维则变得等同于有意识的物质。思维与自然的区分给人们造成了一个问题，即该怎么解释思维是如何与身体及身体所栖身的物理世界相关联的。如果一切存在都彼此关联，那么思维与物质必须是统一的，但现代科学和现代哲学把两者分割开来，这又带来了如何将两者重新统一的问题。

在 20 世纪，试图将意识和物理实在统一起来的故事迎来了迷人的转变。新的经验科学需要认识论上的支撑，笛卡尔、洛克和其他观念论者热切地提供了这样的支撑。笛卡尔依靠上帝的存在，这在他对自身意识状态的确定认识与支持他关于外部世界信念的理由之间建立了一种联系，这种做法在想要把上帝排除在外的科学家与哲学家之中并不是特别受欢迎，但洛克的经验主义在历史上很重要，贝克莱的经验主义理念论直到 1930 年代至 1950 年代才通过逻辑实证主义者“物理世界是感官数据建构的结果”的观点变得具有影响力。现代哲学对现代科学的巩固植根于第二个伟大思想，根据这一基础，我们通过思维中的感知建构出对物理世界的看法。然而到了 20 世纪晚期的某个时间点，科学的世界观从把思维内容作为基石转变成了让思维的地位居于经验调查结果之后。[11] 当经验科学的产物变成了一个可以解释一切的理论，要解释意识在物理学这一闭合因果系统中的存在，就意味着有意识的思维变成了一个谜题。丹尼尔·丹尼特的应对方法是把这个谜题一脚踢开。第二个伟大思想没有表达出思维意义上的思维。在一个有趣的历史转折中，第二个伟大思想的兴起支持了科学的进步，然而，随着科学的持续发展，某些哲学家开始认为在意识不存在的前提下，可以运用科学来解释全部实在，此时，至少有一位哲学家得到了思维不存在的结论。[12] 当然，并不是所有自然主义的支持者都赞同丹尼特的观点，不过，这样一来，我们又要重新面对这样一个难题：意识的存在需要由一个世界观来解释，而在这个世界观中，一切存在都可以归结为物理现象；或者，即使没有这么极端，也都可以由物理现象来支撑与解释。

这里值得我们停一停来回顾一下意识谜题的全球背景，看一看非西方文化对思维在自然中位置的理解有多么不同，以及非西方文化中的人们对经验观察在认识论中功能的理解有多么不同。笛卡尔把意识与自然剥离，这种剥离一直保留延续到了西方当代思想中，此类状况在世界历史中并不常见。更加少见的是“对全部实在的叙述让某种没有意识的事物成为基础，并从中衍生出了意识”的思想。举个例子，在美洲原住民的文化中，意识已经深入了自然的核心。布鲁斯·威尔谢尔认为甚至只是去了解该如何评论美洲原住民对自然的表达，都是十分困难的，因为他们完全没有西方思想中理所当然的物质与精神之间的划分。在美洲原住民对自然的理解中，世界在起源之时就包含了思想与感受。在他们的世界里，存在一个看不见的存在的领地，它一直都在变化之中。在他们的世界里，有一种演变发展，但并不是从非活性物质演变发展成意识，而是自然之中初始之力的持续展现。对美洲原住民来说，不受意识选择影响的因果规律思想是缺失的，观察的对象与西方也完全不同。我们发现在亚洲和非洲的传统宗教中，也同样缺少物理自然与自然意识或超自然意识之间的区分。[13]

通过对比非西方的观点，我们可以看出现代自然观与科学经验主义是如何相互依存的。对当代西方人来说，自然被定义为科学所研究的一切，因此，自然的形而上学与科学的认识论是相互加强的，但这就使解释意识从何而来变成了一个迫切需求。在现代早期，让意识进入自然的尝试以将第一性质与第二性质相关联的形式出现，这也是我们在第三章中已经探讨过的。到了20世纪晚期，当代物理主义成为这一尝试的具体表现。在当代物理主义中，所有人类文化都可以用我们的演化起源来解释，我们的演化起源又可以用由物理粒子构成的世界中生命的起源来解释。

很多人都曾提出意识绝不可能被还原为纯粹的物理现象，因为意识是一种完全不同于物理实体的实在。想要认可这种还原的渴求，来自“全部实在必须可以由一段将一切存在串联起来的论述来解释”的思想。可以说，如果只存在一种事物，那一定是思维，而不是物质，因为相较于由物理实体构成的世界是否存在，我们对自身意识思维的存在更有把握。这也就是为什么在由第二个伟大思想主导的后笛卡尔哲学中为观念论辩护总是更容易一些。

目前，在争夺作为第一个伟大思想的主要表达方式的过程中，观念论并没有像自然主义和有神论那样得到严肃对待。在这场争夺中，争论的焦点转变成了我们如何可以为自身意识经验的日常事实寻找基础。这些事实包括我们思考和感受、记忆和相信，以及行动。我们的很多观点是正确的，我们的很多认知和记忆也都是准确的，这两点作为事实也包含在其中。我们想当然地认为有一个世界存在于我们的思维之外，而且我们与这个世界有联系。即使这些日常事实达不到两个伟大思想的程度，但至少我们认为如此。我们每个人会使用各种概念，比如一个观点、一种艺术、一段记忆、一个认知、一种感觉、一个世界。汉斯–格奥尔格·伽达默尔认为把这些日常概念上升到反思层面是哲学的任务，而且这些概念作为一个整体所涉及的也是哲学。如果情况确实如此，那么我们便面临这样一个问题：什么样的形而上学框架能最好地解释我们经验中的这些日常事实？

阿尔文·普兰丁格曾提出，用演化论来将意识还原为物理现象无法解释诸如前面所列的那些事实。具体来说，普兰丁格认为，我们形成观点的能力能够基于自然主义的假设形成可靠真理的概率，要么很低，要么难以捕捉。自然选择奖励适应行为，惩罚适应不良的行为，但并不在意你秉持怎样的观点。根据以极受欢迎的物理主义形式表现出来的自然主义，如果某个观点是某个物理系统的组成部分，那么这个观点就会像是神经系统中的一个活动，这其中大概会包括一定数量的神经元，它们以特定速度和强度被激发，以某种方式彼此相互关联，同时与感觉器官、肌肉等身体的其他部分相互关联，并在应对身体其他活动的过程中不断发生变化。这样的活动造成了生物体中的运动，从这个意义上来说，一个观点就会创造出能够作为演化物质的行为。不过，对于秉持某个观点的人来说，这个观点是有内容的，比如，一场暴风雨要来了，或者自然主义是一个优秀的理论。然而，根据自然主义的假设，我们很难看出一个观点是如何凭借其自身内容来对我们的行为产生任何因果影响的。观点的内容与其神经生理学属性毫无关联，因此观点的内容对行为没有影响，但具有真理价值的恰恰是观点的内容。普兰丁格说："当涉及行为的因果关系时，神经生理学属性似乎占据了全部领地，观点的内容似乎没有办法踏足其中。不过，当然，一个观点是否正确，取决于它所具有的**内容**，如果构成一个观点内容的主张是正确的，那么这个观点就是正确的。因此，在这种情况下，一个观点的内容在观点的演化过程中就**隐身**了。"

普兰丁格的结论是，我们没有理由认为根据自然主义的假设，我们的观点肯定是正确的。自然主义与伽达默尔所说的应该由理论上升到反思层面的日常事实并不一致。这样一来，结果是自然主义自己推翻了自己。一个人如果秉持自然主义，那么她所相信的理论会告诉她，鉴于自然主义预言让她产生包括自然主义观点在内的各种观点的过程都不会涉及观点本身正确与否，她就没有理由再秉持自然主义的观点了。[14]要么自然主义的观点是错误的，要么就是难以判断这个观点正确的可能性。不管是哪种情况，自然主义的假设都会动摇人们对其正确性的信心。[15]

普兰丁格的上述论证可以延伸。自然主义如果让我们无法坚信我们的观点准确反映了外在世界，那么也就破坏了所有标榜可以将我们的意识与世界相连的心理状态。根据自然主义的假设，没有理由认为任何一个心理状态的内容可以让我们与外部实在建立联系。就像同样根据自然主义的假设，我们没有理由认为我们的观点肯定是正确的，因为观点的内容不具备任何演化意义，我们也没有理由认为我们的记忆是准确的或者我们的感知状态是真实的。自然主义理论预言这些状态的神经系统相关因素从长远来看会激发增强体质的行为，但这些因素没有对我们感知和记忆状态的意识内容进行任何预言。不管是看到蓝色、看到一个正方形，还是听到一声咆哮、想到过去的一个点子，抑或回忆起某位朋友的样貌，这些经验内容中没有任何因素会对演化过程产生任何影响，这一点也同样适用于一切意识经验，包括在受控实验中进行观察的经验。只有神经系统的相关因素会对演化过程产生影响。自然主义认为意识是多余的。丹尼特在否认意识的存在时，委婉地承认了这一点。

我认为这个争论揭示了双方在实在和主体意识重要性等问题上的深刻分歧。普兰丁格所表达的对自然主义的抗拒给意识状态的内容赋予了根本性的重要意义，相比之下，自然主义的观点认为利用物理数据来获得一个有关世界的完整概念具有令人兴奋的前景，而这才具有根本性的重要意义。

这其实是一场第一个伟大思想的两种不同表达方式之间的斗争。

我们尚不知道运用这种由内而外的方法能否成功得到一个世界的概念。从某种意义上来说，这个任务变得更加简单了，而从另一种意义上来说，却是难度更大了。它看起来更简单了，因为关于物理世界与人类意识之间的关联，我们得到的证据越来越多了。然而，随着物理学的进步，客体世界与人类的主体经验变得更加疏离了。在 17 世纪，第一性质与第二性质的剥离在思维与世界之间插入了一个楔子，但是由于笛卡尔和洛克认为我们对第一性质形成的观念就像物体的性质一样，因此他们的观点从一定程度上将我们的经验与世界关联了起来。不过，随着经验科学的发展，人类经验与物理学所揭示的世界愈加疏离了。物理学告诉我们，那些人们最初所认为的第一性质，比如运动、固态、空间形态，与外部世界中物体的性质完全不同，而且自量子物理学出现以来，物理世界的理论基本上均由数学术语构成。这个世界与我们经验中的世界完全不同，甚至最基本的属性也都完全不同。这个世界经历了数百万年的演化，我们的经验只是它的一个偶然特征。从这个角度来说，要用关于实在的自然主义概念来解释主体性就变得更加困难了。

自外而内的实在

除了尝试从我们的头脑中开始构建一个有关实在的概念，我们还可以尝试方向相反的方法。我们是否可以从一个有关整个客观世界的概念开始，再将我们的主体性加入其中呢？我们知道我们不是宇宙中唯一拥有主体性的存在，但几百年来，我们自身的主体性一直都被置于核心位置。如果要把一切有意识的存在的主体性都纳入关于宇宙的一个整体概念中，那么将我们自身主体性纳入其中的能力就是一个必要条件。如果这个条件无法满足，那么构建一个有关宇宙的整体概念的任务就没有希望完成。

当我们把世界作为一个整体来构建相关概念时，我们会将宇宙拆解剖析，把它变成一块块光秃秃的骨骼，让它变得可以理解。光秃秃的骨骼可以是最基础的物理粒子，是莱布尼茨的单子，是柏拉图给这个物理世界带来的理型，抑或是毕达哥拉斯学派的数字。它们也可以是“道”，是斯宾诺莎的实体，抑或是某个神圣思维创造的产物。第一个伟大思想最简单的表达方式都是有关这些光秃秃的骨头的思想。我们从简单的事物入手，把它变得越来越复杂，但绝不会复杂到让我们无法继续坚持对整体的理解。

我们面临的问题在于，如果在关于客体世界的如光秃秃的骨骼般的观点中，主体性是缺失的，那么当我们将血肉附于骨骼之上时，主体性仍然是缺失的，关于世界的概念也变得复杂起来。我们总是可以在概念中加入越来越多的物体和越来越繁复的细节，当我们这样做时，我们就展现了人类发现模式并将各种现象一一嵌入这些模式中的惊人能力。但是模式是主体性被抽离了的世界。事实上，这才是发现模式并再现模式的意义所在。毕达哥拉斯学派以其壮丽的数字关系将人类发现模式的冲动推到了有史以来的最高水平。毕达哥拉斯主义非常美妙，因为它是如此简单又不失优雅。然而，简单只有在自身包含了能够将这个世界的复杂现象嵌入简单框架中的各个方向时，才能变成一种优点。

要说明这一点，我发现把关于世界的概念与一张城市街区的普通地图进行类比将会很有帮助。地图展示了街道与地标性建筑等的排列模式，也就是城市街区最基本的骨骼。不过，如果是一张好的地图，那么它就可以让读地图的人看出没有出现在地图上的物体应该是在哪个位置。你会发现某个建筑物没有出现在地图上，但你仍然可以看出如果地图能够展示更多细节的话，这个建筑物应该在哪里。同样的情况也适用于其他一切建筑，窄一些的街道和小巷，各种指示牌、树木和路灯柱。地图成功描绘出了客观世界中的一个部分，这个部分可以通过不断扩展来将更多物体纳入其中。[16]不过，地图有意忽略了某个事物，那便是这一部分世界中的**经验**。地图没有展示的是你走过这个街区时得到了怎样的感受。它没有展示人行道边花坛里飞燕草散发出的香气，没有展示街道上车水马龙的喧闹，也没有展示微风拂过你面颊时的惬意。然而，也许这些才正是促使你当初决定走过这个街区的原因。生活是主观的，但我们所理解的世界是客观的。

让我重申一下，即使地图没有将主体性包括其中，但只要我们能看出它应该位于地图的哪个位置，那么就不存在任何问题。我们可以看出如果地图包含更多细节，我们的房子会出现在哪个位置。如果是数字地图，那么我们通常可以将它放大来展示更多物体，比如房子、房子周围的院子和树木，以及街道上的车行道和人行道。不过，我们不管看得有多么仔细、把地图放大多少倍，都无法在地图中找到主体性。我们无法通过放大地图来闻到花朵的香气或感受到微风拂面。这让我们很难看出自外而内的方法，也就是给原本客观的概念添加主体性的做法，如何可以成功。

这让我们回到了在本章第一节中讨论过的问题，也就是做出理解行为的思维对两个伟大思想都造成了威胁。当思维理解宇宙时，无论思维对做出理解行为的自身有怎样的认识，都没有被包含在其关于宇宙的思想中。同样，这些认识也并没有被包含在思维将其自身作为理解对象时所产生的认识中。在面对“眼睛能否看到它自己”的问题时，常识性的答案是不能，然而正如我们已经探讨过的，奥古斯丁对这个问题的回答是认为思维无法与眼睛进行类比。奥古斯丁说，思维总会出现在其自身面前，但并不是以客体的形式。客体与主体是分离的，但思维绝不会与其自身分离，尽管奥古斯丁也说过形象的累积可以将思维掩盖。

主体与有关实在的客观概念彼此分离，这给我们带来了让两个伟大思想成为正确思想的一个重要条件。如果只有得到我们所说的有关实在的“观点”后，两个伟大思想才能是正确的，那么这两个思想注定不会正确。观点的问题在于它总是来自一个与它所关注对象不同的位置。提出观点的人并不置身于观点之中，除非他遭到扭曲，不再是提出观点的人。[17] 因此，要看出通过任何自外而内的方法来构建一个有关全部实在的概念该如何迈出第一步，成了一个挑战。这一点也同样适用于有关自我的概念。只要有关自我的概念是自我之中的一个对象，那么自我就绝对不会在关于自我的概念之中，有关自我的概念也无法包含整个自我，具体来说，它无法将“自我形成了这个概念”的思想纳入其自身之中。

有一个问题与此相关联，也是自古代以来哲学家们一直无法摆脱的困扰，那便是思维为了意识到其全部自身而做的尝试似乎会导致一种无休止的倒退。想象一下，你手里有一个关于你自身思维的概念，让我们将它称为概念A。“你形成了概念A”的思想不可能被包含在概念A之中，但是你可以形成另一个概念，其中既包含概念A，也包含“你形成了概念A”的思想。让我们把这个概念称为概念B。“你形成了概念B”的思想不可能被包含在概念B中，但你可以再形成一个既包含概念B又包含“你形成了概念B”的思想的概念C。这个过程可以一直延续，形成一系列无穷无尽的概念，由于这个过程的结果永远都不会是一个完整的概念，因此，似乎可以得出结论：形成一个有关你全部自身思维的概念的过程永远都不会走到终点。这对第二个伟大思想来说可不是一个令人愉悦的结果，对第一个伟大思想也同样不那么令人愉悦，因为当思维试图形成一个有关全部实在的概念时，也会面临这种无限倒退的威胁。假设一个“观点”或“概念”将主体从客体中分离出来，那么根据这一假设，任何观点或概念都不可能包含主体。这样一来，结论似乎要么是两个伟大思想是错误的，要么是这两个伟大思想正确与否不依赖于是否有可能形成一个将全部实在都包含其中的概念。

这是一切将意识解读为具有主体和客体两面的思维理论都面临的普遍性问题，尤其是心灵表征理论。伴随着源自心灵表征理论的这种倒退，还出现了“思维的主体是属于实在之中的某种物体”的思想。在第一节中，我们探讨了奥古斯丁的思想，也就是自我意识一定是非表征性的，也看到了这个思想在费希特的作品中再次出现。费希特认为对作为非表征性自我意识的主体性所进行的系统描述是整个形而上学的关键所在。[18] 这种非表征性观点一直延续到 20 世纪，我们在萨特的作品中可以找到它。萨特宣称："这里不存在无限倒退，因为意识根本不需要依靠一个映射性的［高阶］意识来意识到其本身。意识根本没有把自己当作一个对象。"

亚里士多德没有运用表征理论，因而避免了这种倒退。由于思维只是接收形式的能力，感知或理解的行为与思维所感知或理解的对象其实是相同的。在亚里士多德的观点中，倒退甚至从一开始就不会发生。[19] 这就是为什么亚里士多德可以说思维从某种意义上说就是全部存在，这也是我们在第二章讨论过的一个观点。沿着这个方向，我们可以得出的一个结论是，让两个伟大思想正确的一个条件是：心灵表征理论是错误的。从这个角度来说，亚里士多德哲学看起来比大多数现代哲学都更好一些，因为它避免了主客体二分法的问题，同时也允许我们追求"理解是和谐统一"的思想。

对于这种倒退和与之相关的谜题，我们该说些什么呢？我们可以简单地说："这又如何？"也许这种倒退意味着思维永远不可能理解其全部自身，因此思维无法理解全部实在，但也许它所理解的已经几乎足以满足我们的需求。如果心灵表征理论面临的唯一问题是理解行为本身没有成为理解的客体，那么我们也许可以接受这样的理论。这意味着总有一些我们即使知道它存在但也无法理解的事物。这对我们来说可能是一个迷人的哲学事实，而不是一个需要解决的问题。

无论如何，我认为即使我们仍然保留了主客体二分法和心灵表征理论，自外而内的方法也不是毫无希望。我们需要的是有一种方法来把我们自己作为主体加入关于实在的一个客观概念中。具体来说，要加入的不是广义上的思维，而是我们各自独特的思维。这个要求适用于一切不包含主体性的概念，因此亚里士多德和阿奎那要面临这个要求，洛克和笛卡尔也同样要面临这个要求。如果就做出理解行为的思维而言，其主体性超脱于客观描述中的人类思维，那么就需要在关于客观实在的概念中加入这个主体。作为客体的思维从古至今一直都存在于第一个伟大思想的各种表达方式之中。我们想要的是一种方法，来把思维作为主体加入一个一直将这个思维作为客体包含在内的概念中去。我们需要一座桥梁，把在关于全部实在的概念中作为主体的我们和作为客体的我们连接起来。

我想提议用一个在时间维度上扩展了的概念来应对将主体与关于世界的客观概念相结合的问题。我之前提到过费希特的观点，他认为因为你对自己有直接的认识，你知道当你把注意力转向反思里的自己（或自己的某个部分）时，你所意识到的是**你自己**而不是别的事物。举个例子，当你回想起昨天发生的某件事，你马上就知道这是你的记忆，而不是别人的记忆。当然，你的记忆会出错，但这些错误肯定与是谁拥有这些记忆无关。不管是什么时候，只要你想到过去的经验、观点或是感受时，你知道你在反思存在于你自身思维中的某个事物，因此，这一点很重要。当你把自己的思维状态变成思考的对象时，你知道这些思维状态正是你作为主体时所具有的那些状态。由于可以说你总是可以“转换角度”，把自己的主体思维状态作为客体来思考，并能意识到自己在这样做，那么我们可以得到下面两个重要结论：(1) 你一定总是能够意识到作为自身经验主体的你自己，(2) 如果你愿意，你可以把自己的主体经验变成思考的对象。我们很容易就可以把主体状态变成客体，我们一直都在这样做。

然而，这一切并没有告诉我们当我们把自己的思维状态变成客体后，就可以轻松把它加入之前的一个有关世界的客观概念之中了，不过，此时我们已经越过了在将主体性融入客体性的路上最难缠的那块绊脚石，也就是“我是如何知道我表达为‘我’的那个人和客观存在的琳达·扎格泽博斯基是同一个人的”。这与我们在第四章中探讨自我与人的身份时遇到的问题相同。我在前面提出的建议意在通过借由记忆把我的一个特定状态与对这个状态的一个客观描述相关联来回答这个问题。如果我们认为我们的主体性应该位于客观世界中的某个位置，比如依附于某个客观存在，那么我们需要一种方法来在我们的意识中把它们联系起来。我认为费希特的观点有助于解决把我们的主体性插入关于世界的客观概念中的问题。关键在于我们可以将某个特定意识状态当作客体，同时意识到这个状态与我们过去作为主体所经历的那种状态相同。要做到这一点，我们必须像奥古斯丁和费希特所坚称的那样一直认为自己是经验的主体，并可以通过对这个主体进行反思来把它变成客体。如果我们可以做到这一切，那么原则上就没有什么能阻止我们继续把这个客体放到它在一个更广阔的概念中，也就是在关于客体的地图中应有的位置上了。

将自我看作主体的意识与将自我看作客体的意识是两回事。我们可以将自我表达为主体，也可以将自我指代为客体，这两者有重要区别。无论何时，当我们说主语的“我”时，我们是表达自我，尽管我们请他人在转述我们的话时对我们口中的“我”进行指代。如果我说“我昨天看到了吉姆”，他人在转述我的这句话时通常会说：“她说她昨天看到了吉姆。”我使用的第一人称代词被转换成了第三人称代词。我们的语言习惯不得不允许从使用符合语法要求的“我”转换为使用第三人称的“他”或“她”，不过从我对于自己作为主体的描述转换为他人对我作为客体的描述后，我所说的话发生了改变，尽管它们描述的是同一件事。[20] 我也可以把自己看到某个事物的经验转换成自我反思的客体。我可以思考这段经验，并对它进行议论或评估，比如我可以说："我昨天看到吉姆时，忘记告诉他开会的事了。"在这句话中，我把自己过去看到吉姆的主体经验变成了客体，并像他人那样客观地对待这段经验。我可以说自己过去的状态是错误的或准确的，是愚蠢的或滑稽的，也可以是值得记住的。思维在反思中从将其自身作为主体转换为将其自身作为客体，最终目的就是要掌控其自身。

我们能够把作为经验主体的自我与关于世界的客观概念中的人关联起来，因为我们已经了解了关于我们自身的客观概念和我们在世界中的位置。我们已经学习了一套用于描述和评价的语言，并把它用于我们自身和他人，但我们同样也知道作为可以用这些语言来描述的人会是什么样子。不过，不管这些语言描述有多精确，作为可以用某些语言来描述的人其实远比这些语言描述所能表达的都更完整和丰富，因为一个人是一个拥有某些独特经验的自我。

我们可以运用"思维在反思中从将自我作为主体转换为将自我作为客体"的思想来把我们的主体性放入关于世界的客观概念中去。我们不可能在某一个意识时刻做到这一点，但可以通过一系列动作来实现。我建议通过三个步骤来把主体与客观概念联系起来。

让我们从构建你关于实在的总体客观概念开始。选择一个你认为迄今为止最好的总体客观概念，可以是像亚里士多德或阿奎那那样的前现代观点，可以是像笛卡尔或洛克那样的现代观点，也可以是当代自然主义观点，还可以是别的什么观点。没有必要假设客观世界是这个物理世界，尽管这种假设仍然可以存在。亚里士多德认为世界由质料和形式组成的观点是客观的。贝克莱关于世界的观念论观点也是客观的。就你对于总体客观概念的选择而言，只要这个概念是完整的，除了不包含主体性，没有其他任何遗漏，那也就不存在其他限制。

当然，在我们之中，没有人了解这个世界的全部细节，但这并不妨碍我们构建一个总体概念，因为我们在遇到新的客体时，总会知道它在我们的总体概念中应该处于什么位置。总体客观概念是完整的，不是因为它包罗了一切客体，而是因为一切客体在这个概念中都拥有一个位置。当我们认识的客体越来越多，我们总能知道该把它们放在总体客观概念中的哪个位置。我们需要假设一个最好的情况，在这一情况里，你的总体客观概念中有在这个世界中作为客体存在的思维，也有对思维进行概念构建能力的客观描述。这个概念也应该有关于具体的思维状态作为客体的概念。让我们再用数字地图来做个类比，当我们放大地图时，我们可以看到足够多的细节，这样就可以看到一个个思维状态，因为它们都应该得到了客观描绘。总体客观概念必须包含一个关于意识的客观概念，以及一个关于你自身意识的客观概念，而你必须能够意识到它包含这样两个概念。

第二步，对“你拥有一个总体客观概念”的意识状态进行反思，从而把这个意识状态变成一个客体。当你对“拥有一个关于世界的概念”的意识进行反思时，你就将自己过去的主体状态变成了一个客体，这与你在反思先前见到朋友吉姆的思维状态时的情形相同。自我在你过去的概念中处于主体地位，现在你将它理解为客体，一旦自我成为客体，它就可以被纳入你的总体客观概念中，就像你可以将自身经验的任意客体都纳入这个概念中那样。当你把自己对于拥有总体客观概念的意识变成反思的客体后，让我们把这个意识称为客体意识。现在，你拥有了两个概念：总体客观概念和客体意识，这两个概念都是客观的。

第三步是把客体意识放入总体客观概念，从而让后者具有更多细节。在遇到其他客体时，你一直都在这么做。比方说你遇到了树木，动物和人类，星星和天空，或者是某个实验室里的物体。当你观察某个动物或某棵树木或某颗星星并构建关于它的一个概念时，你能够将这个概念放入你的总体客观概念中，因为你的总体客观概念包含了关于动物、树木和星星的概念，同时（在我们设想的理想情况下）也包含了对动物、树木和星星间差异的描述。你可以在总体客观概念中加入关于某个动物的概念，如果你确实这样做了，那你就给总体客观概念增加了细节，让它变得更加包容。他人可以有他们自己的总体客观概念，同时将你关于某个动物的概念加入其中。当你将关于某个动物的概念告诉他人时，他们知道该如何将这个概念放入自己的总体客观概念中，你也将帮助他们把他们自己的总体客观概念变得更加包罗万象。

这一点同样适用于你的身体和思维。他人可以理解总体客观概念和客体意识。他们可以把你的思维及其状态视为客体，就像他们将你的身体及其状态视为客体一样。当你把自己的身体当作客体，你可以毫无障碍地理解你所知道的有关人类身体的知识，并把自己的身体当作人类身体的一个实例，一个他人也看得到的身体实例。同样，如果你以自己的思维为客体形成了一个概念，你可以理解有关思维的客观概念在世界之中的位置，并把你自己的思维看作这一类型中的一个实例，它可以被他人看到，还可以被放入总体客观概念之中。

关键在于，在反思中我看到作为客体的我的思维与片刻之前我体验的作为主体的思维是同一个思维。作为主体的自我区别于作为客体的人，原因在于后者是他人可以公开接触到的客体，而前者不是，不过，我将自我的身份理解为主体，而通过回忆把同一个自我理解为客体。主体的自我与客体的人之间的区别源自反思意识的性质以及自我用与反思外部客体相同的方法来反思其自身的能力。[21]

你能够意识到先前概念的主体身份，也能够意识到这一主体在后来扩展了的概念中成为客体，因此，你可以说把这些概念放在一起让你得到了对实在的完整认识。这种对实在的认识在持续发生变化。在你将自己的思维状态作为主体的意识与将同一状态作为客体的意识之间，存在一个时间差。我把这种方法称为“自外而内”，因为它从一个关于整体的客观概念开始，而后将拥有这个客观概念的主观经验纳入其中。思维能够做到这一点，因为它具有反思能力。记忆在作为主体的自我与作为客体的自我之间架起了一座桥梁。[22]我们把自我当作我们自身反思的客体，因此即使我们无法在某个时刻形成对全部实在的单一表征，我仍认为当把一系列思维行为合并后，我们原则上可以通过遵循一定步骤来做到这一点。

我所描述的这个过程是把两个伟大思想合并起来的一步，前提是这两个伟大思想没有被表达为思维可以在某个时间点理解实在或理解其全部自身。不过很多概念在思维中都得到了时间维度上的扩展，而且一个概念即使具有时间因素，也并不影响它成为一个单独的概念。比如，我们可以先处在构想一个原因的思维状态，再转入构想一个结果的思维状态，两者由我们所说的因果关系联系在一起，通过这个过程，我们便可构建一个因果关系的概念。对复杂概念的理解通常都会涉及时间上的延伸，不管这个概念所描述的客体本身是否在时间上有延续，比如有关一所大学的概念、有关昨天的足球赛的概念、有关银行系统的概念。我们的思维在理解几乎每一个有关复杂客体的概念时，都用这种移动的方式，客体本身不需要移动，但思维在理解它的过程中发生了移动。与此类似，就一个关于全部实在的概念而言，当它在时间维度上得到了延伸，它就可以从一个思维状态转移到另一个在记忆中的思维状态，两者由对第一个思维状态中主体身份的意识和对第二个思维状态中客体身份的意识关联起来。如果这个过程行得通，记忆就可以让我们将自身主体性放入有关世界的客观观点中了。

我所描述的过程取决于我们对当前思维状态的意识和对刚刚过去的思维状态的记忆是否可靠。通常认为从认识论的角度来看，这些状态都值得信赖。我的观点并不依赖于反思与记忆一般意义上的可靠性。我所描述的过程需要的只是在一个概念发生之时对这个概念的意识以及在一段时间过后回忆起这个概念的能力。当然，构建一个总体客观概念是格外复杂的，我们在这个过程中会面临巨大的困难。我们需要一个细节足够多的总体客观概念，这样才能包含我们自己和他人所认为的我这个客观的人，而我也必须能够意识到这个客观的人与我自己主观体验的是同一个事物。总体客观概念必须能够扩展到包含我所具有的每一个思维状态的客观细节，而我必须能够意识到这些被客观描述出来的思维状态与我刚刚经历过的主观状态相同。[23] 到目前为止，还没有人能做到这一点。难点主要在于创造客观概念，而不是将一个人自身的主体性加入这个概念之中。不过，在“我们拥有一个总体客观概念”以及“存在对自我作为主体的意识”的假设之下，有一种方法可以将后者嵌入前者之中。

让我们回到倒退问题。这个问题是说当我们构建关于实在的总体概念时，我们所具有的“我们拥有这个总体概念”的状态似乎无法被包含在这个总体概念中。我对这个问题的解决方案是一个概念不需要是我们在某一个时刻所理解的那个概念，它可以是一个移动的概念。当考虑到我们是从时间维度来体验这个世界时，我们对于世界的概念其实已经移动起来了。在我们的思维中，有一张世界地图，随着我们遇到的客体越来越多、体验的思维状态越来越多，地图中的细节也在持续扩展。当然，无论何时，我们都可以更改我们的总体客观概念，而且如果我们发现无法将自己的思维状态作为客体放入现有的总体客观概念中时，也许我们必须要更改这个概念。不过，我认为把我们的主体性放入一个总体客观概念的难题原则上是可以解决的。

然而，我们仍然面临一个严峻的问题。即使这个方法成功创造了一个有关世界的概念且在这个概念中，我们自身主体性也被放入某个客观概念之中，我们也不能说已经大功告成了。显然，一个人自身的思维并不是宇宙中唯一的思维。主体性的数量众多，对世界这一整体的概念需要包含这数量众多的主体性。即使关于这个世界的概念只有光秃秃的骨骼，其中也一定有一个位置属于你自身的思维，也一定有其他位置属于其他每一个拥有主体意识的存在所具有的意识思维。两者之间存在差异，对于这种差异，需要有一个解释。如果将一个人的主体意识作为客体来描述，就漏掉了主体性的独特之处，因此，我们需要将这个人的意识作为客体放入我们的总体概念之中。我在本章中探讨了在构建关于实在的总体概念时可以采用的两种方法，但两种方法中都没有包含主体间性。要构建一个关于全部实在的概念，我们需要探索主体间性。在下一章，也就是本书的最后一章，我将探讨我们对主体间性科学的迫切需求，以及主体间性的思想成为第三个伟大思想的可能性。

掠影 人与自我：《博尔赫斯和我》

如果主体性是一个完全不同于客观世界的实在秩序，那么一个人与一个自我如何可以是同一个事物？这是一个谜题。在两者之间，哪一个更加实在？哪一个更加重要？哪一个具有最终话语权？豪尔赫·路易斯·博尔赫斯就这个问题撰写了一篇仅有一页纸的短篇小说。我在这里引用这篇小说开头与结尾处的那些句子：

> 所有这一切都发生在另一个博尔赫斯身上。我走过布宜诺斯艾利斯的街头，停了下来，也许就是在这一刻停了下来，凝视着一栋建筑的拱形门廊和门廊尽头的大门。我通过信件了解到了博尔赫斯，或者我也许是在某个学者名录或人名字典中看到了他的名字。我喜欢沙漏、地图，喜欢18世纪的字体以及词源学，也喜欢咖啡的味道和罗伯特·路易斯·史蒂文森的散文。博尔赫斯也有相同的喜好，但总会虚荣地将它们变成如同演员的必备套装一般。……我将会顶着那个博尔赫斯之名，而不是我自己的名字（如果我确实是个什么人物的话），得以延续，但相较于在他的著作中认出我自己，我其实更多是在别人的书中或是在无聊地拨弄吉他时认出了我自

己。多年前，我试图让自己摆脱他，我从贫民窟和市郊的神话转向了时间与无限的游戏，但这些游戏现在都属于博尔赫斯，我应该要想出点其他的。因此，我的生活里充满了这样点对点的对抗，像是一种神游状态，正在逐渐消失，最终一切都不再属于我，一切都会被遗忘或是落入那另一个人的手中。

我不知道我们之中到底是谁写下了这一篇文字。

博尔赫斯说：我远比博尔赫斯丰富。令人遗憾的是，不管我做什么，总会有另一个人，也就是那个在客观世界中占有一席之地的博尔赫斯，不断地来接手。我的身份不是随着时间的流逝而消失，就是通过另一个可以被他人理解但其自身却不会有任何感受的人来得到延续。我是那个经历生老病死的人，如果我很重要，那么同样重要的还有整个主体世界，也就是**你**，同时也是一个**我**，一个从一个自我转移到另一个自我的**我**。我们各自都依附于一个客观的人，当我们彼此互动时，也同样面临自我与人之间差异的问题，也就是与我们互动的那个**你**与**他**／**她**／**他们**之间的差异。当我们与他人交谈时，究竟是在与谁交谈？是对面的你还是拥有某个特定姓名的人？也许博尔赫斯可以创作另一篇名为《冈萨雷斯和你》的短篇小说。

图 9 博尔赫斯和他失明后画的自画像

博尔赫斯的这部作品被归为小说。为什么它不是想象哲学呢？答案也许是这部作品表达了博尔赫斯的个性，我们也许可以认为，正如黑格尔所说的那样，个性并没有进入哲学领域。* 不过，我认为我们已经看到很多例子都表明黑格尔的论断是错误的，也许本书也是其中一个。

---

* 黑格尔在《哲学史讲演录》的开篇做出了这一论断。他说这就是哲学史不同于政治史的原因之一。

第六章

未来：第三个伟大思想

主体间性

两个伟大思想表达了人类思维的伟大力量，在近 3000 年间，人类文化的许多巨大变化都与两个伟大思想相关联。第二个伟大思想占据了主导地位后创造了现代世界，也让每一个思维都可以将自身看作一个拥有内在世界的自我。不过，仅仅依靠第二个伟大思想，并不能形成“每个自我都很独特”的思想，一定还有另一个思想揭示出不同自我的主体世界之间的差异。这个思想便是**“人类思维可以理解另一个思维”**。这个思想如此重要，完全担得起第三个伟大思想之名。

成为另一个人会是什么感觉？我们有可能体验到这种感觉吗？有时，他人会在与我们的亲密交流中吐露自我，我们认为自己可以对他们的部分生活感同身受，可以理解拥有他们的态度、观点、感受、希望与价值等会是什么感觉。我们看到了他们意识中的各个元素如何在一段连贯而有条理的叙事中契合在一起。这并不是说，我们在思考的同时总是理解他人。即使在最理想的情况下，也就是我们的意识与他人的意识彼此契合时，我们也绝对无法真正想象得出成为他人会是什么感觉，因为我们从来不会忘记自己是谁，即使是在对他人经验最生动的想象中也无法忘记。当我想象一种自己当下并没有的感觉时，比如一种将我完全包裹其中的深深的悲伤，我总会与这种悲伤保持一段距离，因为我是在体验想象中的悲伤，也始终知道这是想象中的悲伤。我是为了自己而去理解他人，而不是为了那个他人，在这个理解的背后，始终有一个属于我自己的我。

人们有没有可能暂时忘记自己是谁、以为自己是另外某个人？看电影的时候，人们能不能沉浸其中到以为自己就是影片中的那个角色？大概率不能，不过我们其实也不想沉浸到这种程度，因为我们想要的是拓展自身主体世界的疆域，而不是用另一个有限的主体世界来替代。无论如何，要理解他人的观点并不需要丧失一个人自身的主体性。有时，我们会看到有一条路从我们自己过去的自我通向另一个人已形成的自我，即使我们认为那个人是不道德或者不理性的。我们会自然而然地说那些在政治或道德观点上与我们分歧严重的人“太疯狂”，然而，当我说他人疯狂时，我其实只是在给自己找理由，让自己可以不必费力去思考为什么他们的观点放在他们自身经验与反思的背景中其实是有道理的。几乎每个人都有道理，甚至那些让我们感到愤怒的人也不例外。道德上的愤怒可能是激发行为的一个重要因素，但是要去理解愤怒所针对的对象，它并不是一个很有用的因素。

在西方历史的大部分时间里，人们远没有像重视有关第一人称和第三人称的知识那样，重视有关主体间性或者说是有关第二人称的知识。有关一个人自身主体性的知识和有关客观世界的知识占据了统治地位，不过在第五章中，我论述了在理解这个世界的过程中，对他人思维的理解将填补一个巨大的理论空白。更为紧迫的是，我们对主体间性有着实际需求，因为它可能是我们缓和个人仇恨与政治分歧的唯一希望。他人的主体性占据了大量形而上学的空间。我们知道这一点，但更愿意去思考我们自身的主体性和客观世界——对所有人来说都一样的那部分世界。也许我们认为这样的思考更容易一些。

在我们思维之外的世界里，充斥着其他有意识的存在的主体性；也许更引人深思的是，他人的主体性弥漫在我们自己的主体性之中。我们表达自身思维的语言是他人思维的产物。我们通过他人习得了自身的很多情绪，学会了如何反思自身思维。两个伟大思想都依赖于我们的反思能力，因此它们所依赖的其实正是我们的思维。只要意识到了这一点，我们自然就会去探究“一个思维可以理解其他思维”的思想。

甚至很有可能的是我们**无法**脱离他人的思维来理解我们自身的思维。在一段著名的论述中，维特根斯坦声称，那种指向个人思维状态且只有创造者才能理解的私域语言的存在是不合逻辑的。[1]这个论断隐含的意思是语言从本质上说具有社会属性，可以说这意味着我们对自身思维的运用具有社会属性。如果这一点是正确的，那么第二个伟大思想就不可能是最重要的，第三个思想应该至少具有同等基础的地位。现在，既然我们已经看到了人类文化在第一个伟大思想作为基础时是什么样子，也看到了在第二个伟大思想占据这一地位时又是什么样子，那么关于第三个思想，我们又该如何评价呢？它会不会发展到与另外两个伟大思想具有同等地位呢？

我在前面提到过，主体性和客体性的思想彼此形成了对比。客观世界并不是整个世界，而是一个剔除了主体性的世界。它是一个公共的世界，也就是所有人类思维共同拥有的世界，或者如果表达得更极端一些，不受任何思维影响的世界。不管是根据上述哪一种解释，客观世界都与许多主体世界或者说许多个体思维所体验的世界形成了对比——后者中的每一个都有独特的第一人称视角。我说过主客观间的区别不同于物理之物和思维之物间的区别；贝克莱认为万物皆存在于思维中的思想是一个关于客观世界的理论。主客观间的区别也不同于存在于我思维内外的两个世界之间的区别；我可以将存在于自身思维内的状态当作客体，而把他人思维的状态当作主体。除此之外，主客观间的区别也必须与实在与表象间的区别区分开来。主客观间的区别是属于现代的；实在与表象间的区别则可以追溯到哲学起源之时。主体性不是有关客观世界的一个错误。它是一个与客观实在完全不同的实在秩序，但它是实在，而不是表象、错觉或错误。主体世界不是对于客观世界的一种错觉，尽管有时我们确实会错把前者当作后者，就像堂吉诃德那尤为滑稽的做法一样。在第三章中，我们讨论了埃金顿的观点，也就是塞万提斯通过提出“不同的人可以对客观世界有不同体验”的思想而推动了现代世界的发明。他让我们对堂吉诃德的主体世界以及他把主体世界当作客观世界的离谱错误产生了理解和同情。值得注意的是，堂吉诃德虽然滑稽又可爱，却是错误的。像这样的错误让人们普遍认为主体性没有客体性那么实在。不过，一边是像堂吉诃德在那著名的场景里那样认为洗脸盆是个神奇的头盔，一边是像许多画家那样通过静物画来表达自己眼中的水果篮，二者之间还是有巨大差异的。所有的主体世界都是实在的，塞万提斯在《堂吉诃德》中做到的最重要的一点是让我们对他人的主体性产生了生动而又有趣的体验。这就带来了我们在本书中反复提及的一个问题：每一个主体世界是如何与其他主体世界和客观世界关联起来的？换句话说，每一个人的主体世界是如何成为同一个宇宙的组成部分的？

在过去几十年间，所谓的“他心问题”一直都是哲学导论课的一个标准话题，其具体表达为一个问题，也就是我如何可以知道其他人也具有与我的意识相似的思维？请注意，这个问题理所当然地认为第二个伟大思想是基础性的。我们对自身思维的理解优先于对其他一切事物的理解。在了解他人思维时，我们所能运用的只有那些让我们得以了解这个物理世界的机制。我们把思维中感知的片段组合在一起来表征外在于我们的世界，与此类似，我们也会把同样的片段组合在一起来表征他人的思维。不过，如果确实是这种情况，那么要确定意识属于某些客体，比如我们所说的他人或其他有意识动物，就成了一个问题。由于我们运用了这样的方法，难怪其他思维如此难懂，我们必须通过与自身意识进行类比才能推测出他们的意识，不过这种情况只有在我们手中的哲学方法让我们别无选择时才会出现。相比之下，当第一个伟大思想占据主导地位时，人们认为自己主要通过理解世界这一整体，也就是理解包含了思维的世界，来理解自身思维和他人的思维。主体性的发现让这一切都发生了改变。主体性的发现把一个人的自身思维摆到了哲学意识的前沿，同时把他人的思维推入了背景之中。在现代早期，对他人思维的关注甚至比在所有思维地位平等的前现代时期还要少。不过，主体性的发现意味着在一个有关实在的完整概念中既要包括对一个人自身主体性的描述，也要包括对他人主体性的描述。想用我们理解客观世界的方法去理解他人思维是有问题的，不过，我们还有其他选择。我现在所说的第三个伟大思想可能没有第二个伟大思想那么伟大，但我们并不是通过第二个伟大思想才得到这个思想，同样也不是通过第一个伟大思想。

当主体性与客体性的区别深深嵌入我们的概念框架后，我们所要做的就是尝试将两者关联起来，而且似乎我们必须在两种关于实在的观点中做出选择：一种是根植于我们自身有限的主体性中的观点，另一种则是完全没有主体性基础的观点。在前一章中，我们分别分析了沿着这两种路径形成一个有关全部实在的观点时所面临的问题。不管是哪一条路径，都有其自身的问题，不过最严重的问题在于这两种路径都忽略了主体间性，也就是漏掉了实在中一个巨大的组成部分。

在西方哲学中，直到 20 世纪早期，在现象学中才出现了有关主体间性的严肃的研究。到了 20 世纪中期，女性主义哲学家成了最早开始关注共情（主体间性主要的表现形式之一）的重要性的群体之一。[2]对他人立场的理解在哲学和流行文化中都成为一个主题，对主体间性有意识的价值判断现在也随处可见。伴随着镜像神经元这一令人激动的发现，主体性的沟通成了神经科学的一个研究对象。[3]在心理学中，关于共情效果的研究已经相当可观，其中既有针对共情者的研究，也有针对共情对象的研究。[4]新闻媒体试图运用主体间性来表达公共政策问题上的观点，电影、电视、小说等我们最常见的娱乐形式都在不同程度上制造了主体间性。[5]发展共情已经成为教育的目标之一，也作为民主运行的辅助而得到了研究。在主体间性成为科学与哲学著作中的重要话题之前的数千年间，佛教中静坐冥想的做法让人们得以体验自我与他人之间边界的消融，这种做法现在已开始逐渐进入西方神经科学中。人们已经尝试通过多种不同的路径去了解主体间性，现在路径开始变得相互关联起来。

有证据表明我们理解他人思维的能力并非发展自我们理解物理实体的能力，也不是来自我们理解自身思维的能力。当然，我们理解任何事物都要运用自身思维，但这并不意味着我们要通过理解自身思维来理解他人的思维。对他人思维的理解取决于想象力作用的发挥。在想象中，我们始终将自己放入另一个人的思维之中。在共情过程中，我们富有想象地将自己投射进他人的感受之中，仿佛我们就处在他们的位置上，去体会他们的感受。在这一点上，我们可能并不总是做得很好，但肯定在一定程度上是成功的。我曾经读到过，在狩猎文化中，狩猎者可以学习走进自己所追踪的猎物的思维，想象这些动物在发现自己被锁定后会想些什么、又有什么样的感受，如果狩猎者能做到这一点，那么就会更容易狩猎成功。[6]我们大多数人都不是狩猎者，却都习惯于对他人做同样的事。我们可以把自己投射到他们的思想链条之中，投射到他们的信仰、看重和轻视的事物以及决策和规划之中，也投射到他们的情感、感觉和情绪之中。我提到过我们在看电影或读小说时会这样做，在私人交谈时也会这样做。甚至是像我这样的哲学家，尽管花在抽象思想上的时间远远高于平均水平，也同样会把一天中的大量时间用于人际交往和其他意在理解他人主体性的活动。我们每个人都是主体间性的优秀践行者。

关于主体间性的某些最早期著作出自现象学。埃德蒙德·胡塞尔是 20 世纪上半叶最重要的哲学家之一，这主要归功于他在意识研究领域的诸多贡献和将意识与外部世界联系起来的创新方法。我在前面论述过，主体性的发现把第一个伟大思想分成了两部分。一个完整的世界变成了客观世界加上我自身主体性的世界。不过，主体性并非局限于一个人自身的思维，这一点一定是显而易见的。其他一切拥有主体状态的存在也都具有主体性。这让第一个伟大思想再次被分割。于是，一个完整的世界看起来有三个部分：客观世界、我自身主体性的世界和其他一切主体性的世界。要理解全部实在就是要理解全部三个部分。通常来说，哲学家并没有对三个部分给予同等关注，然而，胡塞尔却是为数不多的同等对待三个部分的哲学家之一。他认为主体间性的经验既是我们构建作为主体的自身的基础，也是我们构建客观世界的基础。对有关第三个思想如何与另外两个伟大思想相关联的探索来说，这是一个非常有趣的思想。

一方面，胡塞尔认为对自我的意识与对他人的意识是不可分割的。两者在胡塞尔对身体的两面性所进行的现象学分析中被联系了起来。[7]我对自己的身体有一种内在体验，但我的身体同时也有一副外在的公开面孔，我可以通过双重感觉的现象在对自己的身体产生内在体验的同时来体验身体外在的公开面孔。举个例子，当我用自己的一只手碰触另一只手，我的身体就在做出碰触动作的同时被碰触了。[8]我将自身既作为主体也作为客体来体验。对“碰触的体验与被碰触的体验之间存在什么差异”以及“我们如果看不见，那是否可以感受到这些差异”的问题进行反思将会很有意思。对历史上大多数哲学家来说，视觉都是那个将我们对自身的内、外在体验联系起来的主要感官，因此胡塞尔对触觉的专注倒是很有意思。[9]我身体内在与外在之间的相互作用让我可以识别出其他具身的主体，同时也是我对自身主体性的意识与主体间性之间的一个联系。梅洛–庞蒂走得更远，他宣称主体性实际上是具身的，也就是说我们在体验自我时既没有把它当纯粹的主体，也没有当完全的客体，但是自我对于主体性的体验包含了一种对后者的预期。我意识到自己的主体性有一面是向这个世界开放的，于是他人拥有了走进我的世界的通道，我也可以用同样的通道走进他人的世界。

胡塞尔和梅洛–庞蒂的观点是，我的主体性不是一种仅限于我自身的具有排他性的第一人称现象。主体间性的可能性包含于对自我的体验中。我将他人当作具身的主体，因为我将自我体验为拥有一副公开面孔的具身主体。我们生活在一个共同的世界，其中充满了主体间性。这样说就等于让现代哲学家重新思考我们自笛卡尔以来形成的、将自我与其他一切非自我的事物分离的做法，同时也迫使我们重新思考当一个自我遇见另一个自我时意味着什么，以及这种相遇在道德上的影响。自律的自我会遇见另一个自律的自我吗？如果不理解一个人的主体世界如何与他人的主体世界相关联，就很难回答这个问题。根据胡塞尔、梅洛–庞蒂以及后来的海德格尔，共情并不是与他人主体性最初的相遇。在个体间发生共情之前，主体间性就已经以共同主体性的形式存在了。对我们每个人来说，主体性都是对一个共同世界的经验。大多数情况下，我们不需要为了理解他人经验而格外努力。我们非常理解这一点。根据海德格尔，只有在我们共同的经验瓦解后，我们才需要运用共情。当我们思考共情在民主商议中的位置时，当我们考虑尝试以共情来缓和导致了愤怒与敌意的观点之间的冲突时，海德格尔的这个观点都值得我们放在脑中。在大多数情况下，我们的经验都是非常相似的。我们生活在一个共同的世界里，也都已经学会共同来解读这个世界。我认为这一角度值得更多关注，因为如果这个角度是正确的，那么即使政治分歧引起的层层敌意掩盖了我们之间的共同之处，我们仍然有可能去寻找这些共同之处。

一方面，胡塞尔和梅洛–庞蒂认为主体间性与一个人对自身主体性的体验交织在一起。另一方面，他们认为主体间性是我们理解客体性的基础。胡塞尔批判了“自然科学所研究的世界优先并独立于人类文化的世界”的常规观点。他认为，事实上，科学研究的世界是特定的一群人所取得的一种文化成就，这些人都秉持着一种兴起于科学革命时期、具有特定历史背景且通过社会习得的态度，也就是他们都认为自然是数学的形式化，比文化的世界更为基础。胡塞尔认为情况应该是相反的，文化的世界才是更为基础的那一个。我在

第三章提到过，关于自然的观念随着第二个伟大思想的兴起而发生了变化，不过胡塞尔的主张更为强硬。他在《笛卡尔式的沉思》中提出主体间性的世界比客观世界更为基础，原因在于如果不是有了主体间性的体验，我们就不会形成关于客观世界的概念。[10]这里的核心思想是：为了理解客体性的概念，我必须了解各种观点角度，而如果没有与他人的互动、没有通过他人的眼睛去观察，我就不能发现不同的观点和角度。胡塞尔似乎意在指出我所假设的第三个伟大思想像第二个伟大思想一样基础，也像关于客观世界的观念一样基础。

我们可以把胡塞尔和梅洛—庞蒂对主体间性的乐观主义解读与让—保罗·萨特在其著作《存在与虚无》中一篇题为《注视》的著名文章中所表达的观点对比。萨特描述的是一个在公园的情景，应该是他独自一人：当我在公园里时，我看到了树木、草地、长椅、人行道。整个空间完全以我为中心。根据萨特，非反思的意识不是对由客体构成的世界的意识。客体只会出现在反思意识中，因为他们与我这一主体相关联。我的反思意识识别出了我这一主体周围的世界。我的自我不是一个物体，而是一种对由客体构成的世界进行注视的方式。不过，假设现在我在公园里看到一个人，我意识到他是一个人，而不只是像长椅那样的物体。此时，他看着我！突然间，我发现自己对他来说是一个客体。我意识到，由于我用自己的注视创造了一个由客体构成的世界，他也就用他的注视创造了这样一个世界，在他的世界里，他是主体，我是客体。然而，就在我想象他看到了什么的同时，我无法像过去那样去感知世界。萨特说我们不可能在作为主体进行感知的同时去想象他人看到了什么。通过对我的注视，公园里的那个人从我这里偷走了我的世界，而我意识到了这一点。他通过这种做法改变了我与我自己之间的关系，因为在他的注视里有一个世界，在那个世界里，我不是主体，所以我并不自由。这个注视给我造成了威胁，让我不能继续作为创造客体的主体而存在。

萨特说我可以羞愧地回应这个注视，或者可以通过回以注视给他造成同样的威胁来维护我自己。所有人际关系都以这种维护与反维护的形式出现。我们永远无法摆脱他人注视的束缚，尽管我们为了实现这一点想出了许多策略。最终，正如福柯后来所指出的，他人的注视被我们内化。权力机制在关系中的影响显而易见，尤其是在男女两性关系中。萨特的长期伴侣西蒙娜·德·波伏娃在她的重要著作《第二性》中认为女性这一概念被社会建构成了男性的他者，也就是否认了女性在男性视角之外作为主体的价值。普遍认为波伏娃就是《注视》背后思想的来源，然而，波伏娃本人对主体性及其与他者之间关系的描述则有显著不同，因为其中既没有萨特关于自我原始孤独性的假设，也没有“一个自我与另一个自我的相遇必然是一场冲突”的思想。在萨特的思想中，第二个伟大思想的主导地位显而易见，而在波伏娃的思想中则并非如此。

在新近的哲学研究中，出现了很多摒弃传统“以我为先”的思维观的主张。比如，根据所谓的“理论论”（theory theory），我们通过一个人们默认的思维理论将思维状态平等地归因于我们自己和他人。我们通过掌握这一思维理论来理解关于思维状态的概念，这个理论在这些思维状态应归因于第一人称还是第三人称的问题上持中立态度。也有人主张理解他人思维状态的能力是第一位的，自我意识则作为一种自律理解思维的方式出现。我对这个思维理论没有什么看法，但我认为这一类研究让第二个和第三个思想之间的关联变得更加紧密了，这也是让第三个思想变得越来越重要的方式之一。

在第五章中，为了将一个人自身的主体性纳入一个先前已存在的有关实在的总体客观概念中，我提出了一个想法。这个想法的核心是我们知道如何将自己的思维状态转换成反思中的客体。拥有一个总体客观概念的状态是一个主体状态，鉴于我们在下一刻便可以反思这个状态，我们就可以将它变成一个客体。我们对他人的主体状态是否可以进行相似的操

图 10　让—保罗·萨特和西蒙娜·德·波伏娃。STF/AFP via Getty Images

作？显然，我们没有作为主体直接体验那些状态，也没有把它们变成反思中的客体。然而，如果我们能够通过主体间性的经验去体验他们的状态，那么只要我们能够对这些状态进行反思，原则上，我们就可以将这些状态作为客体放入一个总体客观概念中。把我们对他人主体状态的理解转换成客体应该比对我们自身状态进行相同操作更容易。事实上，如果他人的主体状态对我们来说已经处于主体与客体之间了，也就是在萨特和胡塞尔之间，那么这个转换应该更容易。理念论者秉持的观点是，我们通过一个对思维状态的拥有者是“我”还是“他”持中立态度的理论来把思维状态归因于我们自己和他人，如果这个观点是正确的，那么前面提到的转换也应该更加容易。

我不知道我们是否可以用我提议的方式来将主体世界和由客体构成的世界联系起来，不过我认为，在胡塞尔的著作《纯粹现象学通论》第一卷出版一百多年后的今天[11]，现象学者们为了让我们看到这些世界彼此交汇而做出的努力仍然值得我们仔细研究。胡塞尔认为客观世界通过他人思维的意识才得以存在，不管这个观点是否正确，他的另一个观点，也就是我们对客观世界特点的构建需要他人才能完成，一定是正确的。我们对自身作为自我的意识，同样与我们对他人的自我既作为主体也作为客体的意识交织在一起。尽管主客观二分法在西方思想中根深蒂固，我们也看到了这种二分法在很多地方已经遭遇挑战。在本书中，我一直坚持主体性是一种不同于客观实在（移除了主体性的世界）的实在，但也并不意味着不存在一种全部实在，以一种我们的思维可以理解的方式统一在一起。我们只是还不清楚如何实践而已。

关于主体间性思想未来的轨迹，我们可以做出怎样的猜测？心理学方面的研究还很新，认知科学方面的研究也很新，一切将现象学与科学关联起来的研究都是新近出现的。我们需要有研究来把科学、哲学以及我们的日常经验与我们通过文学和电影这两种人类文明历史上在实现主体性转移方面最为先进的媒介所获得的知识关联起来。一个伟大的演员既对他或她所演绎角色的主体性进行解读，又将这一主体性表达给观众。表演可以将一个虚构角色的主体性展现在数以百万计的人们面前。尽管这只是单向的，但人们热衷于与他人谈论电影，他们对某一角色主体性的解读往往比他们自身的主体性更易于表达，因为前者没有那么强的情感威胁。这一切将科学、哲学、心理学、电影和文学等通常没有太多交集的领域结合在了一起，是供我们共同探索主体间性的事实。我们如果可以找到这些领域内研究的交集，也许就可以开始建构一个关于主体间性本身的概念了。我在第五章提到过一篇涉及科学和心理学的文章，作者伽达默尔提出，我们需要一种语言来把我们的共同经验与科学的语言联系在一起。我认为，我们同样需要一种语言来把共同经验和科学与艺术的语言，包括音乐的语言联系起来，这也就是通常所说的通用语言。我们没有这样的语言，因此我们关于实在的观点支离破碎。伽达默尔说发明一种包罗一切的语言是哲学的任务，如果伽达默尔是正确的，那么摆在哲学家面前的是一项十分艰巨的任务。

“我”“你”和分歧

一切包含词语“我”的命题都无法归纳成一套以第三人称来描述的关于一个人自身的命题。这就是主体性的属性与客观世界不同而造成的影响之一。同样基于这一原因，一切包含词语“你”的命题也无法归纳成以第三人称来描述的命题。如果一个人的主体性无法通过一个对客观世界的描述表达出来，那么人与人之间的主体性也无法如此表达。[12] 如果我将正在阅读本书的你称呼为“你”，那么我的这一做法就不同于我在表达想用第三人称描述来表达的内容时的做法，而我也意识到了自己的这一做法。我们对词语“你”的运用都是有意为之的结果。当然，在很多情况下，我不认识你，因此，无法针对你的任何独特之处，尽管如此，与将你称为另一个自我相比，如果我用无人称的方式，也就是用我们所说的“第三人称”的方式，来表达我是如何看待这个世界的，那这两种表达之间还是存在差异的。

在另一本书中，我提出了观点的“第一人称理性”和“第三人称理性”，并对两者进行了区分。第三人称理性都可以摆在桌面上，供所有人思考。它们不会表达或诉诸任何人的主体性，尽管它们可以包含有关某个人主体性的命题事实（比如，“她待在那个地方感到不自在”）和有关这个人记忆与价值的事实。每个人都可以通过日常话语来把它们纳入思考之中。相比之下，我所说的“第一人称理性”是存在于人们的主体性之中、可以给予人们观点的事物，包括人们的个人经验与记忆（而不是有关经验与记忆的事实）、有生以来形成的思想与情感，以及当下所持的观点。[13] 人们对第三人称理性进行回应时，都会假设它们是理性的，但我们每个人都有各自的第一人称理性，也有各自的方法来将这类理性与那些可以摆在所有人面前的理性放在一起。有时，针对某些道德或政治主张，我们会用第三人称理性去说服他人，结果却惊讶地发现他们并不为之所动，然而，我们其实不应该感到惊讶，因为他们的很多第一人称理性都与我们自己的不同。我们如果不能理解他人的第一人称观点，就没办法理解他人。

在政治争论中，就依靠第三人称理性来解决分歧的尝试而言，尚没有成功的先例。这是商议民主观点所面临的问题之一。商议民主观点的基础来自罗尔斯与古特曼和汤普森的公共理性概念。根据古特曼和汤普森，公民必须“公开诉诸其同胞公民共有或可以共有的理性，如果他们考虑了有相似动机的公民所展示出的这些同类型的理性，那么他们便参与到了一个过程中去，这个过程从本质上来说旨在为分歧找到有道理的解决方案”。这一段平实的叙述表明公共商议应该仅涉及第三人称理性的交锋。我不会对这一方法是否应该奏效进行评论，因为它显然还没有奏效。更糟糕的是，还存在一个动机问题，也就是最开始人们为什么会有意愿参与公共理性的问题。研究表明，在重要的问题上，人们如果认为与自己观点对立的人们不会进行理性的争论，那么就不会试着展开理性的争论，而且会很快便认为那些观点对立的人们都怀有令人怀疑的动机。[14]公共理性是一种以信任为基础的理想状态，信任则是成功展开争论的主体间性条件。在一个社会中，人与人之间的信任若保持在一个健康的水平，通常不会被人们察觉，不过，如果这种信任水平下降到让人们无法顺畅地交流第三人称理性，那么此时聚焦公民之间的主体性联系就变得至关重要了。

关于共情的研究因可作为改善政治极化的一个方法而一直备受瞩目。举个例子，迈克尔·莫雷尔引用了多个研究，包括他本人的部分研究，这些研究支持的结论是如果民主商议要正常运行，公民就需要参与到共情过程中去。不过此类研究的历史还不够长，不足以让我们对共情的功效和鼓励共情的各种方式建立信心。[15]甚至对于什么是共情，目前都还没有普遍共识。[16]不过令人振奋的是，在针对我们某些迫切的现实问题的研究中，主体间性正在作为研究对象而受到关注。

罗伯特·塔利斯认为一种不像情感共情那样要求苛刻的

主体间性就已经足够了，他将这种主体间性称为“公民友谊”。政治极化的一个重要原因在于物理、社会和政治的分化。大量研究表明在过去几十年间，美国出现了一个稳步发展的空间隔离模式，在这个模式下，具有相似人口统计学特征的人们不仅聚居在相同的物理空间中，也占据了相同的社会空间。这一模式导致了观点的极化，因为当想法相似的人们就某个充满政治色彩的话题展开讨论时，他们的观点不仅会变得更为相似，也会更加极端。举个例子，那些一开始就支持平权法案的人们会更加坚定地支持这个法案，而那些反对者也增强了反对的声音。[17] 由于存在地理分化现象，也就是人们大多与跟自己想法相似的人打交道，观点的极化便导致了政治的极化，在这种情况下，身处不同地理区域的人所持观点之间的距离增大了，社交媒体的使用和网络新闻更增强了这一趋势。[18] 人们甚至听不到与自己的观点极为不同的观点，于是当他们发现居然有这么多人投出了不同的选票，就会感到震惊，这也正是2020年美国总统大选中的情形。塔利斯认为因为政治讨论的环境点燃了公民敌意，加剧了极化，所以民主正在削弱其自身。

为了打破这一局面，鼓励他所说的公民友谊，塔利斯建议公民加入非政治团体，我猜测这些团体包括业余体育运动队或健身小组、慈善组织、读书俱乐部、烹饪班、园艺俱乐部、乐队或交响乐团、兴趣小组，或者其他类似的可以吸引持不同政治观点者的团体。我们与他人聊他们的生活，从他们自身的视角去逐渐了解他们的过去和那些塑造了他们的经历。没有任何威胁又富有同理心的主体间性交流居于首要地位。对于会引起分歧的问题，理性的争论只有在建立了基本的信任后才能展开。海德格尔认为我们大多数人的经验都是相似的，如果他的观点是正确的，那么上述情况就是可能的。[19]

信任危机揭示了理解主体间性的重要性。如果我们想要一个和谐的社会，就需要理解彼此在秉持某种观点或态度时的第一人称理性。想要一个和谐的社会并不是要放弃人们的自律，也不是要否认每个自我独特性的重要意义。恰恰相反，想要一个和谐的社会是要给予一切观点及产生这些观点的主体世界之间的差异最大程度的关注与尊重。尊重他人的自我意味着要费力从他人的视角去看这个世界。

我想提出的是，除了观点的第一人称理性和第三人称理性，还存在第二人称理性，也就是我们每个人都可以对他人以你的形式提出的理性。这种理性不同于意在适用于任何人的第三人称理性，也与仅适用于一个人自身观点的第一人称理性有所不同。第二人称理性是我向你提出的理性或你向我提出的理性。当我将你称呼为“你”并向你提出某个观点的理性时，我提出的并不是我会对随便什么人都提出的理性，我也不是在向你解释我在这个观点上的第一人称理性。我是在尝试理解你的第一人称理性，并提供一种理性供你思考。我们要互称为“你”，并不一定需要有太多彼此之间的互动。我们甚至可能没有任何互动，就像此时我将正在阅读这本书的你称为“你”一样，因为我们只需要知道每个人都是一个独特的自我，仅此而已，便可以理解主体间性的互动是可能的，而我们之间也存在很多共同点。我们可以像很多合资公司中的合伙人一样向彼此提供某些观点的理性，其中有些仅与正在进行交流的两位合伙人有关，但还会有一个是对某些事物背后真相的努力探寻。

要成功地进行第二人称理性的交流，就需要有一定程度的信任，但程度的深浅只需要与产生这个理性的领域相适应。讨论所涉及领域的情感敏感度越高，所需的信任程度就越深。如果你在跟朋友讨论她失败的婚姻，那么你们两人之间就需要有很深的信任。此时，你必须非常小心谨慎，因为给出第二人称理性很容易就会变成给出建议，给出建议又显然充满了风险。不过，如果你只是在跟水管工讨论该选择什么样的净水系统，你们之间的信任只要比陌生人之间的常规信任稍微多那么一点就够了。我认为当今民主商议所需的信任正面临严峻的问题。如果对于共同的事实来源不存在基本的信任，政治过程就不能正常运转，因此这个过程想必只需要非常低的信任水平。这一过程还要求为这一民主过程的所有参与者都提供足够多的同理心，这样一来，在有争议的问题上，就不同观点的第一人称理性和第二人称理性进行交流就会成为可能。这就需要更深层次的信任。然而，很不幸，美国社会的信任水平已经低到人们甚至都不再信任共同的事实了。在政治争论中，很多人不仅无法理解、甚至无法尝试去理解站在对立面的人所秉持的第一人称理性，而且甚至无法就第三人称事实展开交流。如果我认为你告诉我的事实是你的事实，而我又不信任你，那么我就会说那都不是事实。

在第四章中，我提到过自律与和谐相对的价值观存在于一系列深刻的道德和政治分歧之下。这些价值观表达的是看待我们人类身份时的不同方式：是把我们自身看作一个人，与这个世界或这个世界中的某个部分有着数不尽的关系；还是看作一个自我，其个体身份需要得到保护，从而免遭外界侵扰。这两种价值观可以产生碰撞，不过我们大多数人都同时秉持着两种价值观。我们是价值观的混合体。有很多不同的方法来把两种价值观组合在一起，尽管微小的区别可以累积成显著的差异，我们仍拥有大量共同之处。我赞成海德格尔的观点，也就是在大多数情况下，我们是这个共同世界中的共同主体，只是我们的一小部分经验让我们产生了分歧，对此，我们需要展开共情。共情很重要，但并不是主体间性体验的全部。我们大都体验了一个共同的世界，因此，我们完全有可能培养基于共同体验的情感，把这些情感当作解毒剂，来消解那些分裂我们的有毒情感。

政治极化得到了极大关注，但它也只是我们对思维之间关系理解不足的表现之一。我们会非常震惊地发现，与我们对客观世界和自身思维的理解相比，我们对主体间性的理解是如此之少。主体间性正在从几个不同的角度逐渐变成严肃研究的主题，我在前面提到了其中部分角度，同时我们对主体间性并不那么丰富的认识不管是在理论上还是实践上都前景可期。对思维与世界的反思拥有很长的历史，研究这段历史的优势在于让我们理解上的不足之处变得显眼起来，从而让我们知道该把资源用在哪里。第二章结尾处的“掠影”让我们看到开普勒可以在灵光乍现之下看到行星运动与音乐的音程之间的关系，如果这个世界没有统一的物理法则，那么开普勒的这一洞见就不会成为可能。主体性无疑也是统一的，尽管这种统一可能并不是以存在统一法则的形式表现出来。目前，尚没有人能像16世纪末的开普勒或者2200年前的毕达哥拉斯那样发现到底是什么让主体性统一了起来。也许，我们会是幸运的，这样一个发现将出现在我们的未来中。

上帝视角：什么是全部实在？

人类一直热衷于让自己的思维尽可能地向外扩展，这种热情带来了第一个伟大思想，但我们对知识的热情几乎一直被解读为对我们现在所说的客观知识的渴求。亚里士多德在《形而上学》开篇便写下了他的那句名言："求知是所有人的本性。"接下来，亚里士多德说我们从感官中，特别是视觉中，得到的愉悦便是这一点的一种体现。"原因是几乎所有感官都让我们认识了事物，并看到了不同事物之间的许多差异。"亚里士多德说，感官给我们带来了有关具体事物的知识，但并没有让我们得到智慧。智慧是关乎最初的原因和原理的知识，是在数千年间一直备受推崇的目标，且无可非议。不过，请注意，亚里士多德对理解他人的渴望只字未提，尽管他人的思维其实是我们自身思维之外的世界中最为重要的一个部分。追求不断向外扩展的热情给我们带来了第一个伟大思想，追求不断向内深入的热情则带来了第二个伟大思想。我不知道想要洞悉他人思维的热情是否与前两种热情相同，但我想在本书结尾之时，思考一下这第三个思想要如何才能成为人类历史上的一个关键思想。

关于为什么主体间性应该成为第三个伟大思想的可能性，我们已经看到了至少两个重要原因。这一思想弥补了在我们对自身主体性的理解和对没有主体性的世界的理解之间的明显差距，它同样有潜力来帮助我们战胜许多人际间的冲突和政治冲突。我在前面已经提到了当下对主体间性进行的某些研究，然而还没有任何一种做法具备会把我们对他人思维的理解提升到与我们对客观世界的理解相同高度的特征，同时，这些研究到目前为止也还没有创造出任何像另外两个思想一样重要的文化产品。现代小说和电影是一个例外，也许它们是另一个实例，表明了艺术而非哲学才是一个思想的文化领袖。然而，现在还没有什么能让我们系统地拓展对第三个伟大思想的理解。

如果第三个思想要成为历史上的伟大思想之一，我认为我们需要一场针对主体性的革命，而且是像科学革命那样大规模的革命。我想象的新科学会像哲学家和科学家深入探究客观世界那样来审视主体世界。对人类理解来说，现代科学的革命之处在于它变成了一种众人合作的实践，使大规模的知识进步成为现实，而且它还有一种方法来判定自己成功与否。现代科学促成了许多独立的自然科学学科的建立，其中每一个学科在过去 400 年间都创造了重要的成果，包括化学、生物学、地质学、天文学、物理学，更不用说跨学科的领域了，比如生物化学和天体物理学。现代科学还带来了技术创新，包括实验辅助工具的发明和大幅改善了人类生活的技术。

尽管这些成就令人赞叹，但科学的方法要求把客观世界与众多主体世界分离开来，这些巨大成就则一直都仅局限于客观世界之中。这让我看到我们需要建立一种与此类似的系统性合作实践，在这个实践中，我们对于以不同形式表达出来的主体性的知识都能够得到拓展，我们也会有新的方法来让我们可以判断成功与失败之间的差异。这样一场革命将有望创造新的知识分支和学术领域，它们会像那诞生于17世纪以来的无数自然科学学科和工程学领域一样广阔。如果我可以更深入地对比，也许甚至有可能出现主体性技术，可以用于解决主体王国里的诸多实际问题。

在第二章中，我指出随着历史研究的发展，思想革命的时间往往会被提前。科学革命的前奏出现在中世纪，文艺复兴似乎在布克哈特指出的时间之前便兴起了，现代哲学在笛卡尔前一个世纪便开始了。我们在回顾过去时注意到了一次次变革的前兆。在中世纪，没有人会说："我认为一场科学的革命即将来临。"同样，我们所经历的可能正是主体性研究革命的前兆，不过只有当这场革命如火如荼地开展起来，我们才能意识到这一点。然而，我们知道的是思想革命发生之前总会有些征兆，如果现在说主体间性的研究中已经有这样的征兆了，我觉得并没有什么脱节之处。

科学革命最终让我们为整个物理宇宙绘制出一幅地图，

不过在那之前我们先拥有了许多局部地图。与此相似，主体性的科学将让我们绘制出一幅主体性的地图，其中包含以各种形式表达出来的主体性，不过在那之前我们将先得到多张关于主体性的局部地图。很有可能存在主体性的法则，但它们不可能是自然法则意义上的法则，因为自然法则的关键点在于普遍性，普遍性恰恰就是主体性所欠缺的。不过，当一个人的意识遇到他人意识时，这个人意识的某些变化是可以预测的，还有些变化虽然不可预测，但我们可以预测这些变化何时是不可预测的。对于一个人的主体性对他人主体性的影响，我们有许多无关联的证据，但我们想把主体性本身作为宇宙的一个特征来理解。我怀疑当一个人的主体性遇到他人主体性时拥有的力量会激发出任何单个思维不可能拥有的力量。主体间性是宇宙中的一股创造性力量，但是要理解主体间性并在未来驾驭它，我们就需要搞清楚是什么因素让主体间性创造出新的力量，比如是民主的力量或是集体情感的力量。我们知道集体情感经常会制造集体仇恨，这种仇恨比个体仇恨的总和更为强烈。不过如果集体情感可以是负面的，那么它就应该也可以是正面的。我们要搞清是什么因素让主体间性走向某个方向，而非另一个方向？这个因素为什么有时能成功，有时又会失败？以及它是否会带来新的实体？如果答案是肯定的，那么它又如何实现这一点呢？对于主体间性的宇宙，我们需要一张地图。在第三章中，我提到了梦在神话思维中的重要性，在第二章中，我说过神话思维在理解非人性化的自然时有一个弱点，不过我们的问题则恰恰相反。在理解人性方面，我们并没有比神话时代的思想家走得更远。要说我们取得的进步，也许必须把关于梦和想象的深入研究都包含进来。[20]

一个人的主体性与他人主体性的相互渗透让两个人的主体性都得到了扩展，然而，由于人类思维是有限的，我们意识到或者至少是怀疑，我们在主体间性的研究方面永远都不可能走得太远。尽管如此，我们仍可以不断前进，至少看到研究的目的何在。最理想的结果是获得与所谓的对这个世界的上帝视角观点相当的主观观点。对这个世界的上帝视角观点经常被用来指代关于实在的总体客观概念。当它作为总体客观概念出现时，就变成了美学家与神学家使用的概念，因为他们一切探索的目标就是一个洞悉一切的存在所具有的观点，不管这样一个存在本身是否确实存在。在这里，我想提出的就是与这样一种观点相对应的主观观点。它是某个思维的主体视角，这个思维可以理解包括其自身在内的所有有意识存在的主体视角。在过去的研究中，我将这一属性称为“全主体性”。当我用全主体性时，我指的是对一切有意识存在的一切意识状态的完美理解，在这里，一切有意识的存在都曾经或将会以其自身的第一人称视角存在。全主体性的概念包含的是理解一切具有主体状态的生物的主体状态，其中的生物囊括了所有动物及其他一切具有主体性的非人类存在。如果有一个存在可以理解存在的一切，那么这个存在肯定不仅了解全部客观事实，还同样具有全主体性，因此，我认为基督教神学的上帝一定具有全主体性。在我现在所设想的那门科学中，全主体性就是全部探索的终极目标。当然，不管这个终极目标是被理解为包罗一切的总体客观世界还是包罗一切的总体主观世界，抑或是二者兼而有之，我们都无法真的实现这个终极目标，但我们从来都不会因为无法到达终点而停下前进的脚步。

我们已经看到了，当我们想要借由客观的宇宙来解释主体性的起源时，会遇到数不尽的问题。也许我们应该等到对主体性的理解有了长足进展后再去尝试追寻关于宇宙的完整概念。也许我们可以尝试相反的做法，也就是借由主体性来解释客观世界。在几乎所有宗教的创世故事里，客观世界都是由一个思维创造出来的，这一点对我们很有启发。我认为这意味着在所有这些文化中，主体性都先于物理世界出现。如果我们假设具有思维的存在的主体性最先出现，那么人类的主体性就与客观世界具有相同的来源了。原则上说，这有可能可以让我们得到一个关于实在的统一概念，其中既包括了宇宙的客观部分，也涵盖了宇宙中主体性的部分。我们探索的终极目标仍然是得到对这个世界的上帝视角观点，但这个上帝视角观点将会以主体性为基础。

第一个伟大思想最强有力的表达方式是人类思维可以与宇宙统一在一起的思想，在本书中，我多次提及印度教、新柏拉图主义和托马斯主义神学是这一思想的具体实例。让人很有启发的一点是，人们常常将主体间性体验为一种与他人的合一，因此当理解的对象是主体性时，“理解就是合一”的思想便是自然而然的结果了。如果客观世界能够被理解一切的存在的主体性理解，那么与宇宙合一的可能性就是主体间性目标的延伸。很多神秘主义者都曾表示体验过与能够体验全部实在的存在合一，阿奎那认为虔诚的信徒在天堂中得到的奖赏是可以见到上帝，其所见的核心便是一切都可以得到理解。荣福直观没有让我们变得全知全能，但奇怪的是，托马斯说天上的圣人们了解地上信徒的祈祷，因此，他们除了了解天上其他人在思考什么，也了解地上许多人的所思所想。阿奎那的解释是圣人们一定意识到了一切能让他们的幸福变得完美的事物。[21] 天堂是一种幸福的状态，在天堂里，由于见到上帝而同时具备了主体间性知识和客观知识的灵魂达成了合一的状态。如果有一个思想能让第一个伟大思想的目标变得可以实现，那么这就是我所听说过的最接近于这一思想的观点了。

两个伟大思想自古以来一直为人类文明增添着活力，我们不会想要看到其中任何一个逐渐衰落。第二个伟大思想仅仅几百年前才占据了优势地位，第三个思想已经开始在我们的日常意识中变得越来越突出了。不过，尽管第二个和第三个思想都很重要，它们却从未将第一个伟大思想完全替代。事实上，正是第一个伟大思想驱使着我们去找到一种方法，来把我们对自身思维的理解以及对其他思维的理解与我们对不包含思维的实在的理解融合起来。我们痛苦地意识到要得到一个有关全部实在且公平对待我们所知存在的一切的概念有多么困难，但追求这样一个概念的冲动从未因在人类历史上屡受攻击而消失。第二个和第三个思想让第一个思想的处境变得更加艰难，因为我们知道任何表达第一个伟大思想的尝试都会以失败告终，除非它将一切具有主体性的存在的主体性都纳入考虑。要理解全部实在，我们必须理解全部思维的主体性。这就意味着第二个和第三个思想必须包含在第一个思想之中。

数千年来，人类一直试图构建一个有关一切存在的概念。我们的前人尝试过许多方式，但并没有涵盖所有可能的方式。他们常常忘记考虑主体性，或是有意忽略了主体性。他们有时将自我放在优先位置，有时又把自然或上帝或理性放在优先位置。在本书中，我详细讨论了尝试构建一个有关全部实在的概念的几种主要方式，也对几个能够帮助我们更接近这样一个概念的思想进行了探索。我们看到了，不管是在哪一种方法中，总会有某些实在是缺失的，这意味着我们没能取得成功。我们一直在尝试把实在的各个部分拼接在一起，形成一个整体，未来也将继续尝试，直到取得成功才会停下脚步。这正是为什么我现在讲述的这个故事会走向一个明白无误的结论：在所有的思想中，第一个思想是最伟大的那一个。

掠影　在天国中的但丁与贝雅特丽齐

在《神曲》的最后一部《天国篇》中，但丁飞升了天国，指引他的是他在现实生活中爱恋的女子贝雅特丽齐的灵魂。在此之前，但丁饱受政治分歧与暴力的折磨，离开了自己生活的佛罗伦萨，被流放他乡，因而已在地狱与炼狱中走过了一段漫长旅程。但丁的艺术是对作为一名放逐者所承受的悲伤与痛苦的回应，这些感觉对今天的我们来说像在14世纪时一样真切。贝雅特丽齐用智慧和从她眼中反射出的上帝之光的美来指引但丁。那些光牢牢抓住了但丁，但贝雅特丽齐告诉但丁天国并不仅是在她眼中，他必须走得远一些、再远一些，她还给了他力量，让他继续向上。当但丁越来越接近最终的景象时，他看到了贝雅特丽齐在天国中的所见，在其中，宇宙的全部结构都由一个发光点集结在一起。随着但丁走近最终的景象，他在那光中看到了一个人像，也就是那个具有神性的人。于是，在这整部长诗14233行诗句的最后4行，但丁看到了最令人激动的景象。

啊，至高无上的光，你远远超出
凡人的想象，请将你曾展示给我的
景象再度赐予我一些，并赐予我
一些言语的能力
来给将要阅读这些的人们留下一抹荣光。
请还我哪怕一星半点的记忆，这样
我可以用诗句来记录你的胜利！
那光芒的恢宏气势刺入我的眼睛，
我相信哪怕我只是将目光转移片刻，
也一定会迷失在茫茫黑暗里。
于是，我一直注视着它，
直到看到那至高的善。浩荡的圣恩呀！它让我敢于面对无尽的光，
直到我的全部思绪都沉迷其中。

图 11 《但丁·阿利格耶里在佛罗伦萨封神：撼动太阳与星辰的爱》，为纪念但丁（1321—2021）逝世700周年创作的作品。Giovanni Guida, via Wikimedia Commons

宇宙散落的篇章

在那光明的深处，

与宇宙中的实体、偶然性和其中的相互关系一起，

由爱装订成一本书卷。

上帝以他之光创造了纷繁复杂，

然而在他眼中的却是一个宏大而又简单的整体。

当我写下这些，我觉得更加快乐了。

二十五个世纪之前，

阿耳戈船出发了。

盯着那光，仅一瞬间就已经够多了。

我只能凝望那里，因为一切意志所追逐的善

就在那里。

在那之外，一切存在都有缺陷；

在那之中，一切存在都完美无缺。

现在，我知道，要表达我所回忆的印象，

我的语言甚至比不上一个舌头尚在吮乳的婴儿的语言。

那活生生的光始终不曾变化，

而我却开始变化了。我凝望的目力增强，

就看到了更多的形象。

在那光最深邃、澄澈的实质之中，

出现了三个光环。三个光环颜色不同，

大小相同。其中两个如彩虹般映射着彼此，

第三个汲取了来自另外两个的火焰。

啊，这样的言语无法表达我在永恒之光中之所见，

这永恒的光圆满着自己，领悟着自己，热爱着自己，

在那仿佛反射出来的合为一体的三个光环之中！

当我把目光停留在那光环之上，我似乎看到了一个人形。

如同几何学家徒劳地用尽全力寻找方法
来把圆形画成面积一样的正方形，我试图看到、感受到
这样一个人的形象如何可以永恒地居于那光之中。
我自身的羽翼还无法飞得那样高，直到一道灵光乍现，
我看到了欲望和意志，两者仿佛平衡的车轮，
在爱的推动下旋转，
也正是这爱推动了太阳、天空和那颗颗星辰。

但丁在 14 世纪早期写下这些诗句时，文艺复兴的大幕才刚要徐徐拉开；伴随着文艺复兴的推进，第二个伟大思想逐渐崛起。我们也许也正处于一场革命的边缘。2021 年，我们纪念但丁逝世 700 周年；此刻是否也有人正在创作伟大的作品，700 年后人们将如同纪念但丁这般去纪念它呢？不妨大胆猜测一下，这会非常有趣。

注 释

第一章 两个最伟大的思想

1．Albert Einstein（1950，61）.

2．古埃及的创世故事演变成了一个宇宙体系，它或许是第一个伟大思想的一种表达方式。在这个体系中，造物主是阿图姆，他的孩子是风神和雨神，风神和雨神又生出了大地神和天空女神。其他文化中的神话故事也有相似的形式，也就是人格神的故事都被解读为整个自然自诞生以来的故事。关于古代世界从他们所说的“神话思维”向“思辨思维”的转变过程有一个经典的理论，见 Frankfort et al.（1946）。这个转变过程大概与我所说的第一个伟大思想的崛起时间一致。我将在第二章讨论这一理论。

3．雅斯贝尔斯（1953）将这一时期称为轴心时代，因为几种最基本的人类哲学和宗教思想几乎都在同一时间、在世界不同地方独立兴起，包括波斯、中国、印度、巴勒斯坦和希腊罗马世界。然而，如果我们考察艺术领域而不是文字记载的证据的话，第一个伟大思想的起源会更早一些。在下一章中，我将会介绍早在公元前 3500 年就出现在中国的第一个伟大思想的证据，这个时间远早于轴心时代。

4. 据说，赫拉克利特因说过“你不能两次踏入同一条河流”而出名。不过，这句话原文是：“我们踏入而又并非踏入同一条河流。我们存在而又不存在。”（Curd 2011，45）

5. Curd（2011，32）。把赫拉克利特的两个观点放在一起，可以得出赫拉克利特意义上的“归为一体”与时间上的结构（允许运动和变化）是相容的。

6. 关于毕达哥拉斯学派是否认为包括看得见的物体在内的一切我们称为物质与非物质的世界都是由数及数的关系构成的，古希腊的学者之间存在争论。有一种观点是亚里士多德和那些误将自己当成现代唯物主义先驱的现代研究学者都误解了毕达哥拉斯学派的观点，见 Rowett（2013）。

7. 见 A. D. Nock（1933），作者针对从公元前 500 年到公元 400 年间宗教皈依的心理学进行了迷人的解读，并提出将皈依作为灵魂的再定位并不是早期宗教的一部分，而是古希腊哲学的组成部分，并且成了基督教的主要特点。诺克没有考察东方宗教，但我认为有趣的是，在印度孔雀王朝皇帝阿育王于公元前 3 世纪皈依佛教后，皈依现象成为佛教传播的一个组成部分。

8. 关于一神论以及上帝与人类间的关系，更早的描述可能出现在《圣经》的《诗篇 8》中，来自公元前 10 世纪初的大卫王：

耶和华——我们的主啊，

你的名在全地！

你将你的荣耀彰显于天。

……

我观你指头所造的天，

并你所陈设的月亮星宿，

便说：人算什么，你竟顾念他？

世人算什么，你竟眷顾他？

你叫他比神微小一点，

并赐他荣耀尊贵为冠冕。

9. 在大约公元前第一个千纪，一切生命与存在都会周而复始的信条或轮回的概念成了佛教、耆那教以及印度教多个流派的一个基本概念。当然，犹太教中时间是线性的以及事件具有偶然性的思想被基督教的欧洲继承。Pierre Duhem（1969）提出现代科学的崛起与中世纪的基督教形而上学及其时间观之间存在历史关联。Stanley Jaki 同样在多处指出，现代科学发源于中世纪的欧洲并非巧合，可参见 Jaki（1978，21）。如果想了解新近的讨论，可见 Hannam（2010）和 Stark（2004）。Cahill（1998）撰写的一本通俗读物论述了犹太人的线性时间观在塑造西方文明的过程中扮演了重要的角色。
10. 除了特别说明之处，其他来自《圣经》的引文都摘录自新修订标准版《圣经》。

11．当然，这并不是说先知们总能成功转变他们的行为！

12．Jacques Maritain 为起草《世界人权宣言》所做的工作将托马斯主义自然法理论与现代人权运动关联起来。Alfred North Whitehead 论述了中世纪自然法理论与现代科学崛起之间的关联，他写道："只有人们对*事物秩序*的存在，尤其是*自然秩序*的存在普遍有一种出于本能的信念，才有可能存在充满生机的科学，这正是中世纪为现代科学崛起所做的重要贡献。"（1925，5，斜体出自原文）同样可参见注释 9 中提到的著作。

13．"现代"一词有一个令人尴尬的后果，那便是在现代时期开始后，随着时间推移，现代就不再现代了。"后现代"一度被用来指称当时的新思维方式，但这个词也面临问题，也就是它命名了一个想必会在某个时间点终结的历史时期。"当代"一词具有指称"一切正在发生的事"的优势，其使用可以不受时间推移的影响。

14．尽管几乎所有评论人士都认为，奥古斯丁因其对自身内在意识生活富有洞察力的审视而成为古代文学中独特的存在，但巴赫金认为他并不特殊。巴赫金写道："重点是，即使到了今天，人们仍然无法'默'读奥古斯丁的《忏悔录》，它必须被大声诵读出来，仿佛古希腊人的公共广场精神仍然存在于它的身上，也正是在公共广场上，欧洲人最初的自我意识凝聚了起来。"（1981，134—135）我将在第二章中探讨巴赫金对古代文学的解读。

15．《会饮篇》中阿尔基比亚德的演讲可参见 Martha Nussbaum（2001，165—199）。Nussbaum 认为阿尔基比亚德与苏格拉底不同，他知道什么是爱一个作为个体存在的人，而不是一个作为柏拉图理型模仿者存在的人。值得注意的是，不管是阿尔基比亚德的演讲还是苏格拉底的演讲，均出自柏拉图之手，不过柏拉图的思想中几乎没有对个体独特性的重要意义的论述。

16. 当然，笛卡尔并没有提及我所说的第一个伟大思想，但他对几乎各个领域中所有传统观点的来源都表达了怀疑论的态度（《谈谈方法》第一部分，第一个沉思开篇），并表示他想从头开始，接受他的思维可能无法获得任何确定的知识的可能性（第二个沉思开篇）。

17. William Egginton（2016）认为塞万提斯通过创造小说成为塑造现代世界的第一人。小说的发明与第二个伟大思想的崛起之间的关联将是第三章的一个话题。

18. 有趣的是，在 20 世纪，语言哲学是最先动摇第二个伟大思想地位的哲学领域之一。在 20 世纪下半叶，“语言指的是一个人自身思维中的想法且这些想法可能别人无法理解，也可能与外在于思维的一切事物都无法对应”的观点遭到了攻击，致使关于思维 / 世界关系的内在论观点走向衰落。从 Hilary Putnam（1975）和 Saul Kripke（1980）开始，外在论语义学开始受欢迎。Putnam（1981）明确运用了其语义学理论来反对怀疑论。

19. 我将古代的皮浪式怀疑论解读为以认识论的论证为基础，比如原因的无限倒退。原因的无限倒退问题是说一个观点必须有一个原因才可以得到证明，这个原因又需要一个原因，原因的原因还需要一个原因，以此类推，无限循环。结果似乎就是没有任何一个观点可以得到证明。相比之下，笛卡尔的怀疑论在理解思维与世界的界限方面有一个更深层次的形而上学来源。

20. 笛卡尔在《第一哲学沉思集》结尾处对外部世界重新建立了信念，这是笛卡尔整个论证中积极的部分。然而有趣的是，相较于这一部分，笛卡尔进行怀疑的方法更有历史影响力。尽管笛卡尔最终并没有成为一名怀疑论者，但人们在想到他时，都会认为他是怀疑论者。除此之外，笛卡尔认为需要证明存在一个不欺骗人的上帝，进而可以以此为基础来构建对外部世界的信念，不过，后来的读者尤其不喜欢这一点。

21．也有例外，比如斯宾诺莎和莱布尼茨，但在受到休谟经验怀疑论影响的领域，宏大形而上学的衰落十分明显。在《人类理智研究》(1975) 结尾处著名的《关于学园哲学或怀疑哲学》一章中，休谟描述了两种“温和的怀疑论”，其中第二种是经验主义，它把“我们的探究限制于最适合于人类狭隘理解能力的对象上面”(162)。这让休谟对“神性或神学”以及“道德与批评”都秉持负面态度，也让他提出了著名的摒弃形而上学的论断，认为形而上学只有“诡辩和幻想”(165)。

22．著名的“除魅”一词出现在韦伯的论文《学术作为一种志业》中，这篇文章最初是韦伯 1918 年在慕尼黑大学进行的一次演讲，后翻译成英文出版，见 Gerth and Mills (1946)。可参考 Josephson-Storm (2017)，其中有一个有趣的观点，即有关鬼怪与神话消失的文化叙事遭到了严重误读。

23．根据丹尼特，主体体验的意识不是实在的一部分。丹尼特主张取消思维实体。唯一存在的事物是物质实体。关于大脑和神经系统，科学告诉我们其中根本没有意识，这就意味着我所说的第二个伟大思想从根本上就是错误的。讽刺的是，科学因为第二个伟大思想的崛起而攀上了巅峰，现在，丹尼特却告诉我们这个思想是一种幻象。只要意识不存在，科学就可以为我们提供一个关于一切的理论。这一点很有趣，其原因是多重的，一个原因是人类确实强烈渴望拥有一个关于一切的理论。我将在第五章中对全部实在进行描述，届时再次探讨丹尼特和自然主义。

24. 内格尔提出，像他一样的无神论者与有神论者相比有一个劣势，有神论者对世界这一整体有一个形而上学的图景，每个人在其中都可以找到一个有意义的位置。无神论者的图景就不那么令人满意了，尤其是还原自然主义的图景把一切都还原成了物理学描述的样子。内格尔说他希望有一种自然主义能够同样满足他所说的"宗教气质"以及我所说的权力感，也就是一种来自犹太教-基督教有神论和第一个伟大思想在世界宗教中的其他表达方式的权力感。

25. John Schellenberg（2015，2019）提出了科学自然主义和西方有神论的一个替代选择，向西方无神论者描述了他所说的宗教。他认为宗教在世界文明中仍处于婴儿期，且以超越为导向的宗教都是不成熟的。他相信科学应该作为人文主义宗教发展过程中的一股积极力量而受到欢迎。

26. 显然，在理论上认可人类权利是一回事，而在实践中承认这些权利又是另一回事，奴隶制不堪的历史便揭示了这一点。

27. 康德没有明确将自我列为我所说的一种范畴，但紧随康德的后来者这样做了。在第五章中，我们将简要研究费希特如何计划通过让自我的意识成为哲学的核心来发展康德哲学。

28. 见 Foucault（1990，1995）。

第二章 世界先于思维

1. 见 Lagercrantz（2016）和 Rochat（2003）。Martha Bell（2015）提出当前的研究方法让我们无法确定婴儿何时具有了这样的意识，比如，婴儿注视某个方向或某个新奇的事物多长时间对我们可能并没有太多意义。但她并不否认对思维与世界间区别的意识是自然出现的。
2. 关于政治结构的革命，布克哈特声称文艺复兴始于对 14 世纪专制主义的回应，并认为政治变革在恢宏的艺术革命发生之前便已发生。
3. 让科学革命起始时间提前的核心推动力是对中世纪科学形式的重新审视。皮埃尔·迪昂的早期著作使他被广泛认作中世纪科学史之父。1914 年，迪昂出版了十卷本的著作《宇宙体系：从柏拉图到哥白尼宇宙学说的历史》。这部著作也被翻译、缩写成了英文版（Duhem 1985）。想阅读有关伽利略及在他之前的先驱的论文，可参见 Wallace（2014）。在哲学领域，笛卡尔通常被认为是 17 世纪的第一位现代哲学家，不过他受到了 16 世纪法国哲学家蒙田的怀疑论的影响。想阅读有关 16 和 17 世纪哲学的论文，可参见 Popkin（1966）。历史书籍过去常常将文艺复兴起始的时间放在 15 世纪，不过现在普遍认为文艺复兴在 14 世纪就已经开始。
4. 历史学家、哲学家和文学研究者多次给出了这样的评论，比如 MacIntyre（1988, 2，12-68）、Raaflaub（2009，566-571）、Collobert（2009，133-134）、Burkert（1999，88，92）、Hermann（2004，15-16）、Livingstone（2011, 133）、Murray（2011, 188-189）、Morgan（2000，1-4）。

5. Flaig（2013）、Curl（2003）、Jones（2014）、Yunis（2013）。对古希腊悲剧可以有多种不同的解读，有趣的是，尼采一直坚称索福克勒斯是理性主义的反对者。见 Gaukroger（1999）。
6. Dimitri Gutas（2009，18-21）通过研究伊斯兰哲学给同时期科学、神学和政治领域的发展带来的益处，描绘了伊斯兰哲学的兴起与发展。在 Ettinghausen、Grabar 及 Jenkins-Madina（2001）关于中世纪伊斯兰艺术与建筑的著作中可以找到几个领域之间的更多关联。在中国，我们通过哲学家对社会实践、对音乐之于社会的价值和对艺术领域的思考看到了第一个伟大思想的社会意义。见 Hung（1999）、Nivison（1999）、Brindley（2012）。
7. 雅斯贝尔斯没有提到伊斯兰教，也许因为伊斯兰教像基督教一样，是亚伯拉罕诸信仰之一。
8. 希腊和以色列一起出现大概只是因为两个文化后来出现了历史交汇点。有趣的是，希腊与伊斯兰社会在中世纪也出现了历史交汇点，当时亚里士多德的著作在欧洲已经失传，却被翻译成了阿拉伯语，在阿拉伯世界为人们所研究。这意味着“西方”的含义是从这之后的历史事件中反推出来的。
9. 柏拉图讲述了一个有关泰勒斯的不同的故事，表现了其性格中的另一面。据说，泰勒斯特别痴迷于仰望星辰，结果掉进了一口井里，一位侍女嘲笑他过于心不在焉（*Theaetetus* 174b）。
10. Rochberg（2016，Chap.2）分析了富兰克弗特夫妇的著作，并描述了后续研究的历史。罗克伯格表明“思辨”思维的许多潜在元素在多个古代近东文化中已经存在，并提出“古巴比伦人和古埃及人完全沉浸在神话时代”的主张是值得怀疑的。同样，古希腊人在转向思辨思维的同时，并没有停止他们充满生机的神话创作。因此，作为一个历史主张，富兰克弗特夫妇的观点很有可能是错误的，但他们对比两种思维的做法在概念层面很有启发。

11. 马丁·布伯著名的作品《我和你》(1970)，是对“我们通过走向思辨思维并将主体与客体区分开来而得到发展”这一思想经久不衰的批评。“当‘我看到一棵树’这句话被说了出来，却不再代表我这个人和你这棵树之间的关系，而是代表了人类意识对客体树的感知时，就意味着主体与客体之间树起了一个决定性屏障，基本词‘我—它’，也就是表示分离的词，就被说了出来。”(74—75)

12. Welch (2019, 16) 认为，美国原住民的思想规避了主体与客体、实在与表象、理性与直觉的对立，也就是规避了带来数不清的哲学谜题的二分法。此外，一边是直觉中与宇宙能量间的内在关联，一边是思辨思维中用以理解世界的更直接的形式，美国原住民同样运用梦来弥合它们之间的差距。

13. 见 Zhmud (2012, 81)。

14. 这一点明确出现在了毕达哥拉斯学派哲学家菲洛劳斯（公元前5世纪）的著作中。

15. “思维只理解数字形式”的思想当然更为极端，不过这取决于我们是将数字解读为一种形式关系，还是一个实体。“思维理解的是形式”的思想并不极端，事实上这个思想在整个西方历史上有着巨大的影响力。我将在下面举例说明。

16. Hopper [(1938) 2000] 讨论了早期基督教作者笔下的毕达哥拉斯学派的数字理论，认为如果我们要获取有关毕达哥拉斯学派数字象征意义的信息，奥古斯丁是最综合全面的来源之一（79）。

17．这是一本有趣的书，认为数学应该被解读为关于模式的科学，见 Devlin（1997）。

18．见《理想国》521b—540a 和围绕这段的讨论。

19．古苏美尔人的文字记录可追溯至公元前四千纪，最早的人工制品可能是一块公元前 3500 年的古苏美尔泥板，目前陈列于牛津阿什莫林博物馆，板上刻着象形文字。然而，近些年来在印度尼西亚发现的洞穴壁画似乎形成于四万年前，有关介绍可参考 Vergano (2014)，同样可参考《自然》杂志 2018 年秋季刊，其中介绍了更早的发现。

20．William G. Boltz（2000/2001）认为中国的文字发明于公元前 1200 至公元前 1050 年间。

21．台北故宫博物院永久展示着许多这样的玉璧和玉琮，我的信息主要来自展览介绍，题为《追寻天和真的艺术：中国玉器史》(2012)，特别是 47—52 页。

22．潘诺夫斯基出版了许多重要著作，特别是（1953 年出版的一本书）对有关文艺复兴时期艺术和图像志领域的研究都产生了重要影响。

23．埃米尔·马勒早于潘诺夫斯基。他的著作最初于 1913 年出版，题为《13 世纪法国的宗教艺术：中世纪图像志及其灵感来源研究》。关于基督教图像志的经典研究，参见 Andre Grabar（1968）。

24．今天，我们在对简陋的耶稣诞生场景和粗鲁的爱国歌曲的回应中看到了同样的心理。并不是只有好的艺术才能达到激发情感、让人产生归属感的目的。

25．在第一章注释 14 中，我提到了巴赫金（1981）的主张，也就是公共广场精神甚至仍然存在于奥古斯丁的《忏悔录》中，这部作品的内容在巴赫金看来必须“大声诵读出来”（135）。请注意，这样的内容与哈姆雷特的独白完全不是一回事，也与诸如亨利·詹姆斯所创作的现代小说中的长篇反思不同，这些内容在其要表达的思想所伴随的动作结束之后仍然继续延伸，占据大量篇幅。

26．关于《神曲》中对毕达哥拉斯学派数字命理学的运用和处理，见 Bigongiari and Paolucci（2005）。

27．可参见 Newton-Fisher and Lee（2011）和 Tombak et al.（2019）。

28．《乌尔纳姆法典》于大约公元前 2100 年以苏美尔语写成，比汉谟拉比法典早 300 年。这部法典将君主权威的来源归于诸神，诸神要求君主应该“在他管辖的土地上实现公正”。

29．汉谟拉比写道：“当高尚的阿努纳奇国王安努和掌控土地命运的天空与大地之神贝勒将统治整个人类的权力交给伊亚的儿子马尔杜克时，当他们让他在诸神之中占据崇高地位时，当他们说出巴比伦这个崇高的名字时，当他们让这个名字蜚声世界时，当他们在这片土地上建立了一个根基像天空和大地一样稳固的永恒王国时，就在这时，安努和贝勒呼唤了我，汉谟拉比，高贵的君主，诸神的膜拜者，他们让我将公正传遍这片土地，让我消灭作奸犯科之人，让我阻止恃强凌弱之事，让我像黑暗之族头顶的太阳那样前行，照亮这片土地，给这片土地上的人民带来更多福祉。”（in Harper 1904）

30．见 Scott MacDonald（1991），尤其是该书中的长篇引言。引言介绍了从古希腊哲学到中世纪时期至善思想及其变成与“存在”等同的历史。同样可以关注同一卷中翻译的波爱修的《七公理论》。

31．传统哲学和宗教谈到灵魂时，通常将它的意思等同于思维。我在这里说的灵魂也是这个意思。灵魂可以得到扩展，超越思维，但是我认为“灵魂可以与宇宙融为一体”的思想是第一个伟大思想的一个表现形式。

第三章　思维先于世界

1．在一封经常被引用的致梅森的信(1641年1月28日)里，笛卡尔写道：“我可以告诉你，在我们之间，这六个沉思囊括了我的物理学的整个基础。不过，请你一定不要这么说；亚里士多德的狂热追随者也许会感到更难接受这些；我希望的是读者们可以先逐渐习惯于我的原理，发现其中的真理，然后才发现它们摧毁了亚里士多德的原理。”见 Descartes（1971，265）

2．摘自致纪尧姆·吉比厄福的信（1642年1月19日），Descartes（1964-76，3：474），Smith（2018）译。

3．我这么说主要是因为在20世纪下半叶，激进的怀疑论在哲学领域得到了认真对待，这种做法的基本假定便是对思维的理解居于首位。

4．见 Descartes, *Principles of Philosophy*, in *Descartes, Philosophical Writings*（1971, 194–195）。

5．在罗伯特·M. 亚当斯版的贝克莱《海拉斯和斐洛诺斯的三篇对话》中，亚当斯写了一篇很有价值的序言，讨论了贝克莱的这段背景。亚当斯认为贝克莱不太可能了解莱布尼茨的相关文章，但他对培尔的论断有所了解。亚当斯引用了莱布民茨的《论自然》(1698)。关于培尔，他引用了出现在 Popkin（1966，348）中的培尔在著作《历史和批判词典》中的一个段落。

6. 休谟对第一性质与第二性质区别的摒弃和他得出的怀疑论结论，参见《人性论》第一卷第四章第四节“论近代哲学”。

7. 在《纯粹理性批判》的《先验辨证论》第二章中，康德展示了他所说的理性的二律背反，也就是一对矛盾，矛盾中的两方都是同等理性的，这些矛盾正是由于试图运用理性来认识先验的实在而产生的。

8. 有趣的是，在 18 世纪，康德的《未来形而上学导论》被称为《任何一种能够作为科学出现的未来形而上学导论》。可参考刘易斯·怀特·贝克对《导论》的介绍（in Kant 1950），贝克提出康德有两个目标：一是为科学和数学辩护，二是避免思辨的形而上学。

9. Williams [(1978) 2005] 否认接下来的结论是哲学给我们带来了绝对知识，因为即使哲学可以给我们带来绝对概念，但如果不是我们不仅拥有绝对概念，而且知道我们拥有绝对概念，也知道期待只拥有绝对概念就是过分苛求，哲学也不会具有绝对地位（287）。

10. Hans-Georg Gadamer（1981）在其论文《论科学中的哲学元素和哲学的科学特征》(7) 中讨论了这一点。

11. 见 Moszkowski (1921，1)，引用于 Stanley Jaki (1978，126)。

12. 我不会试图定义艺术，也不知道讲故事算不算是文学艺术作品，也许有时算，有时不算。如果是荷马讲述一个有关特洛伊战争的故事，这个故事就是艺术作品；如果是我讲述一个我在修车厂经历的故事，不管这个故事是否表现了我的个性，它都不算是艺术作品。不过，我怀疑在本书中为了实现我的目标是否有必要对艺术进行定义。

13. 布鲁内莱斯基在佛罗伦萨大教堂主门内6英尺（约1.8米）处竖起了一块面朝外的镜子，这样他隔着广场也可以在镜子中看到洗礼堂。然后，他用一块木板把镜子中的画面画了下来。接下来，布鲁内莱斯基在画作中心打了一个孔，面朝洗礼堂的人路过画作时可以站在画作背面，透过画作中的孔去观察，同时举起一面镜子，放在画作前一臂距离处。这时他们看到的就是一幅镜面画作的镜面画面了。当人们放下手中的镜子，就可以看到实际的洗礼堂，还可以与木板上的画面比较。布鲁内莱斯基的画作特别准确，因此人们觉得画作与真正的洗礼堂没有任何区别。James Burke（1985,72）用这个例子来支持其“透视的发现改变了世界”的观点。
14. 对现代人来说，听到“corporation”（社团）一词用在中世纪语境中，可能会觉得很奇怪，但布克哈特对这个词的运用是恰当的。Greif（2006）将中世纪的社团定义为“有意创建的自发性、永久性组织，以利益为基础，进行自治”，包括“行会、互助会、大学、公社及城邦”等实体（308）。
15. 绘画领域中有不同的风格流派，包括巴洛克、古典主义、洛可可、新古典主义和浪漫主义、印象派、野兽派、表现主义、立体主义、超现实主义和几何抽象艺术，更不要说现代流行艺术、女性主义艺术和融合了其他媒体及技术的绘画了。
16. 路透社于2002年5月8日发布了报道，同一天《纽约时报》和《卫报》也都进行了报道。
17. 塞万提斯很快便出了名。识字的人读了这本书，不识字的人则听别人讲。埃金顿写道，这本书上架后马上销售一空，在小酒馆里和乡村广场上，总有人大声朗读这本书，这本书变得轰动一时(2016，xv)。就哲学家而言，斯宾诺莎、休谟、黑格尔和德国浪漫主义哲学家都阅读并且欣赏这本书（xxvii)。

18. 有趣的是，巴赫金说这种幽默标志着从中世纪文学向小说的转变(1981，20—22)。

19. 巴赫金在论文中没有提到东亚小说的例子。我早年最喜欢的小说之一是日本小说《源氏物语》，由紫式部女士创作于 11 世纪。同样早于《堂吉诃德》的还有中国四大名著中最早的一部，出版于 14 世纪的《水浒传》。这些作品将许多史诗的特点和某些小说的风格特性融合在了一起。

20. 康德在第二版前言中写道："我们在这里打算做的，正是哥白尼试着解释天体运动时所做过的。当哥白尼发现假设所有天体都围绕观察者运动无法取得进展时，便把整个过程反了过来，试着假设观察者在运动，而天体保持静止。我们可以在对物体的直觉感知方面进行同样的尝试。如果直觉感知必须与物体的天性相符，我认为我们无法先天地了解任何事物。反过来，如果物体与我们直觉感知能力的天性相符，那么我很容易就可以设想出这样一种先天知识的可能性。"

21. Taylor（1995）为这种对现代道德理论崛起的解读做了辩护。我在 Zagzebski（1998）中讨论了这一点。

22. 在 Zagzebski（2012）第一章第三节中，我给出了关于自律在道德领域与认识领域崛起的更为详尽的历史讲述。

23. 在 14 世纪，邓斯·司各脱和奥卡姆的威廉为"道德规范来自神圣意志，而非神圣理性”的观点辩护，从而将道德自律的核心从理性转变为了意志。这引发了神学领域的争议，为现代人对意志而非理性的重视打下了基础。

24. *A Treatise of Human Nature*, book 3, part 1, section 1.

25. 对事实与价值的区分在西方文化中根深蒂固，甚至一度连小学生都在学“包含价值词语的句子不表达事实”。在1980年代，我的孩子接受的教育是这是一个标准英语语法的问题。想象一下，一个形而上学的观点，而且是一个仍面临争议的观点，却在文化中如此根深蒂固，以至于孩子们都被教导如果不接受这个观点，他们将无法理解英语。很多作家都对这种事实与价值的二分法发起了抨击，比如C. S. 刘易斯的《人之废》(2009)。也可以参考Hilary Putnam（2004），普特南接受了这种区分，但对认为这种区分是一种二分法的思想进行了抨击。在美国，2001年9·11事件后，主观主义和相对主义明显消退，因为此时很多过去相信道德与个体文化紧密相关的人，发现在经历了这次袭击后无法再抱有这个观点了。单个事件不会改变整个道德框架，但在我看来，指向某种道德客观性的文化转变发生了，其关注的焦点在于人权。我将在下一章中讨论这点。

26. 关于在诗学和哲学上弗洛伊德的先驱和影响的讨论，可参考Finn（2017）和Hendrix（2015，230—260）。

27. 见Foucault(2016),“Christianity and Confession”（215–219）。

28. 关于近些年文学领域中种族的本体论地位，存在相互竞争的观点。对这些观点的讨论，可参考Mallon（2004，2006，2007）。

第四章 道德的影响

1．关于教皇利奥一世，最著名的事件是452年他与匈奴大帝阿提拉举行私人会面，使匈奴人停止攻打罗马。会面中双方分别谈了什么，并没有任何记录，只有阿提拉和他的军队离开罗马这一结果。教宗利奥一世和阿提拉一定都是非常令人敬佩的人物。

2．实际上，波爱修说的是，上帝并不是一个人，除非在隐喻的意义上。不过，波爱修否定上帝的人格并不是因为上帝那显然处于最顶端的地位。根据阿奎那的描述，波爱修的主要考虑似乎是每一个人(位格)都是一个实体（hypostasis），作为某些偶性的主体存在，但上帝没有偶性。波爱修同样提到“persona”一词起源于舞台上演员为了扮演角色而戴的面具，这个意义除非作为一个隐喻用于上帝，否则并不能适用于上帝（*ST* 1，q. 29，art. 3，obj. 2 and 3）。

3．阿奎那指的是里尔的阿兰。参见 Zagzebski（2016a，61—62）。

4．显然，这部作品是在皮科去世后才被冠以标题“论人的尊严”（Copenhaver 2017）。

5．这是马塞尔·莫斯的主张，出现在 Carrithers，Collins 和 Lukes（1985，22）为回应莫斯而出版的一本论文集中。这篇文章讨论了用自我来替代人（尤其见第21页），非常有趣。同样在这本书中，Michael Carrithers（1985，234—256）为“个体自我的思想于公元前5世纪在印度得到了充分发展”的观点进行了辩护。

6．康德哲学需要一种方式来将理论理性与实践理性统一于自我，费希特的主体性理论是解决这一问题的一种尝试，Neuhouser（1990）深入讨论了这点。我将在下一章再次讨论费希特。

7. 在 Zagzebski（2016a）中，我认为康德在《道德形而上学的奠基》的一个著名段落中指出了两种意义上的尊严，但并没有指出它们是两种不同的价值。

8. 我在 Zagzebski（2012）第二章中详细讨论了这一过程。

9. 参见 Kateb（2014），在其有关人类尊严的观点中，有一个重点是我们有责任去关爱和保护非人类生物。

10. 有趣的是，约翰·罗尔斯的经典著作《正义论》常常被解读为既是政治理论也是道德理论，尽管罗尔斯本人反对这种观点，表示其著作只是一个有关正义这一道德组成部分的理论。

11. 在 17 世纪，荷兰法律哲学家胡果·格劳秀斯将自然权利建立在世俗的自然法理论之上，这是一个重要范例，展示了一个并非起源于社会契约理论的自然权利理论。可参考 Geddert（2017），其观点是现代权利观忽视了古希腊文明和基督教文化中关于人的自我发展的理想。在此背景下，我们应该重新思考格劳秀斯的权利理论带来的影响，应将其看作现代权利观的一个替代选项。关于当代权利观，Alan Gewirth（1982）和 James Griffin（2008）中包含了以人类行动与自律基础对人权进行的重要辩护。

12. Aaron Rhodes（2018）将权利主张近乎无休止的扩展归咎于《世界人权宣言》通过后产生的一个问题，也就是诸多人权文件往往将保障基本自由的自然权利与由实际存在的法律建立的社会和经济权利混为一谈。罗兹表示这一情况的后果是人权思想发生了贬值。我对诸多人权文件没有任何反对意见，但我认为罗兹有关权利主张无休止扩展的观点是正确的。举个例子，在 2016 年，我们认为这种权利扩张的现象是美国一个州内选举的问题，本可以使拥有农场和牧场成为写入俄克拉荷马州宪法的神圣不可侵犯的权利（最终没有成功）。近些年来，接入互联网的权利和享受第三方供应商维修技术的权利变得大受欢迎。这些很可能都是社会所渴望的，但若把它们称为权利，则削弱了"权利"一词的道德力量。

13. 有趣的是，近期有一本有关堕胎争议的书《堕胎权：支持与反对》(Greasley and Kaczor 2018)，在书中凯特·格雷斯利支持堕胎权，克里斯托弗·卡克佐尔则反对堕胎权，与过去的争论相比，这次争论双方的立场对调了，因为过去支持堕胎的一方通常都是否认权利的一方。

14. 可参考 Hursthouse（1991)，这是一篇很有影响力的论文，认为讨论堕胎的框架应从权利与义务论的言语转变为美德伦理学的。

15. 可参考 Deborah Wallace（1999)，其中包含了对马里旦和麦金太尔之间有关人权问题争论的有趣讨论。

16. 在 20 世纪后期，第一本在美国对哲学产生重大影响的有关美德的书，是麦金太尔的《追寻美德》(1981)。从那以后，很多有关美德的著作出版，包括理智美德（见我 1996 年的著作)、公民美德和教育中的美德。目前，南希·斯诺在为牛津大学出版社编纂一套名为"美德"的丛书。依托于宾夕法尼亚大学的积极心理学运动聚焦于品格的力量和快乐生活。在我工作的大学，人类繁盛研究所专注于推动美德研究，促进学生和社区的自我发展。还有很多其他著名的研究所，包括英国伯明翰大学的品格与美德研究中心和意大利热那亚的美德中心。

17. 我听说过至少两个。其中之一是康涅狄格大学的一个大项目，有关社会生活中的谦虚态度与坚定信念，其研究并倡导人们参与进来的核心问题是，在公民生活中，我们如何可以在自己坚定的信念与谦虚和开放的心态之间找到平衡。参见 https://humilityandconviction.uconn.edu。另一个是圣路易斯大学“智识谦虚的哲学与神学项目”，参见 humility.slu.edu。

18. 可参考 Miller et al. (2015)，这本书介绍了当前大量从哲学、神学及心理学角度对品格的研究。约翰·邓普顿基金会在品格美德的发展领域已经资助了大量项目，在基金会网站 Templeton.org 中可查询近期的和正在进行的项目。

19. 加州长滩的智德学院是一所无宗教派别的公立特许学校，也是第一所将智识美德模式作为教育基础的学校。学校成立于 2013 年，最初只有初中，现在已开设了公立高中部。

20. 19 世纪美国环保运动的一个偶像是约翰·缪尔。保护野生环境和防止为商业目的而对自然过度开发是十分必要的，缪尔在提高公众对这一必要性的意识方面发挥了重要作用。

21. 这个思想实验由理查德·西尔万设计（见 Routley 1973）。同样可参见 Rolston（1975），书中有一个早期观点，也就是自然过程值得尊敬，因为自然本身是神圣的。

22. 当然，有人认为不存在任何由人类造成的气候变化，或者不值得为了改善气候变化而侵犯个体的自律性，因此，我们只需要接受气候变化。

23. 可参考 Wens-veen（2000），这本书提出了一种以美德为基础的环境伦理学。

24. Fukuyama（2018）在其著作的副标题中将此称为“怨恨的政治”。很不幸，认为自己遭遇不公的人们会有怨恨情绪，呼吁关注此类情绪可能会让它们听起来无关紧要。“愤愤不平”听起来更为道德高尚，“怨恨”则像弱者的牢骚。这是一个很好的例子，让我们看到，在一个带有情绪的问题上，我们用来表明对立双方立场的语言可以让讨论在开始之前就已偏向某一方。

25. 女性是一个明显的例外，她们在全球人口中的比例仅略小于男性，但在人类历史的大部分时间里，她们一直都被当作少数群体来对待。

第五章 我们可以理解全部实在吗？

1. 就“人类在非常年幼时便可以自然而然地区分思维与世界”的思想而言，支持这一思想的经验研究可参见第二章的注释 1。

2. 并不是只有西方哲学发现了这个问题，对这个问题的一个可能回应来自印度教。古老的《广林奥义书》说，我们只有坚持将自我同世界分离开来，才能理解这个世界（第二章，4. 14）：“只要这种分离存在，当一个人去看、去闻、去思考、去认识另一个人时，都可以认为这个人是分离于自己的。然而，当一个人的自我被当作生命不可分割的单元时，要依靠谁去看谁？依靠谁去听谁？依靠谁去闻谁？依靠谁去与谁交谈？依靠谁去思考谁？依靠谁去认识谁呢？梅怛丽依，我的爱人，依靠什么才能让认识者被认识呢？”（Easwaran 2007, 103）在这里，谜题“认识者如何可以被认识”的答案被反了过来。认识者不可能被认识，因为认识需要分离，而自我并没有与已知的世界分离。一旦认识者意识到了这一点，认识就走到了终点。

3. 这段对话在古代通常被认为出自柏拉图，但到了19世纪，弗里德里希·施莱尔马赫对此提出了疑问。自那时起，学者便产生了分歧。近期的某些学者支持“柏拉图是这段对话作者”的观点，理查德·索拉布吉是这一阵营中的一员，在Richard Sorabji（2006, 51—52）中提及了这一争议。

4. 也可参见Neuhouser（1990，第三章）。就我所知，亨利希和诺伊豪泽尔在评论中都未谈及与奥古斯丁的相似点。

5. Hume (2000), book 1, part 4, section 6.

6. 佛教思想也出现在了一项重要的跨学科、跨文化研究中。一边是佛教中的冥想及其无我的观点，一边是休谟关于自我的观点和当代自然科学中有关自我不存在的证据，这项研究将它们关联了起来(Varela, Thompson, and Rosch 2016)。

7. 如果我们以出现在主客体分离时代之前的一个概念作为起点，那么就不能称这个作为起点的概念为“客观的”，尽管这个概念会把主体性排除在外。

8. 关于物理实体究竟是我们当前物理学假想出来的实体，还是未来的理想物理学，还存在争议。后者似乎更为合理，不过这带来了一个问题，也就是未来的实体也许跟现在的实体是不同类的，也许甚至会包含思维实体，这与物理主义者的基本思想相冲突。这个问题因为由卡尔·亨普尔（1980）提出而被称为“亨普尔两难”。

9. 可参考Zhong（2016），其中论述了物理主义者应该接受“同一个属性既可由一个物理概念也可由一个非物理的思维概念来表示”的观点，这是为了避免“全部实在由物理实体组成”的物理主义观点会出现的问题。实体都是物理的、有形的，但思维概念也同样可以将它们正确地表达出来。

10．这是 Thomas Nagel（2012）提出的反对意见，内格尔认为还原唯物主义和有神论都无法将实在统一起来。内格尔说：“人类渴望全面理解这个世界，有神论作为对这一渴求的回应，除了在信仰上帝方面遭遇困难，其缺点不在于没有给出解释，而在于它没有以对自然秩序进行全面描述的形式给出解释。有神论将对可理解事物的探索推到了世界之外。”（25—26）我不知道有谁解释过这一转变，Nagel（2012）做出了相似的评论，他说在笛卡尔之后的几个世纪里，我们想要将对宇宙的认识统一起来的渴求主要是通过观念论表达出来的，也就是沿着思维为先的方向，然而接下来，“迅速出现了一个有些原因不明的历史性转变，让观念论在 20 世纪晚期的哲学中基本上被取代了，取代它的是以物理学为起点、沿着相反方向来统一的诸多尝试”（37）。我认为一个可能的解释是观念论主要是以逻辑实证主义者的证实原则的形式在英美哲学中站稳脚跟的，根据这一原则，一段陈述只有包含了同义反复或能够被感官经验证实，才能拥有含义。Karl Hempel（1950，1951）对此原则进行了抨击，威拉德·奎因在其 1951 年的著名论文《经验论的两个教条》中也抨击了这一原则，在此之后，这一原则的影响力迅速下降。

11．丹尼特一直用“意识”一词来指称存在的事物，但有反对者指出这并不是大多数哲学家和普通人使用“意识”一词时所表达的意思，因为丹尼特否定了感质（qualia）的存在，也就是不存在对处于某个意识状态可能是什么样子的主观感受。可参考 Dennett and Searle（1995），其中有对丹尼特意识观点的激烈论辩。

12. 日本传统的神道教是一个例子。神道教没有明确区分自然与超自然，而是融合了祖先崇拜、自然崇拜以及对一切有生命或无生命事物的神圣力量（kami）的信仰。另一个例子是津巴布韦的绍纳族传统宗教（Chivanhu），它是横跨整个非洲大陆的非洲传统宗教综合团体中的一部分。这一宗教中有一个遥远的一神论上帝，被称为姆瓦里（Mwari）或穆西卡万胡（Musikavanhu，人的创造者）。姆瓦里与人类的互动以祖先（vadzimu）为媒介。人类与祖先之间的沟通又以自然世界中的一部分即灵媒（svikiro）为媒介。我要感谢我的学生梅纳什·马塔拉尼卡，他向我描述了绍纳族传统宗教理解自然与超自然的方式。

13. 要表明某个观点会让自己走向瓦解的论述在哲学中可能非常少见，但这样的论述往往是最有力的。其他例子包括普兰丁格对笛卡尔基础主义的批评（1983）和现在广为人们接受的对证实主义的批评——“只有可证实的陈述才有意义”的证实主义并不能被证实，相关讨论可参考 Creath（2017，§4.1）。

14. 可参考 Beilby（2002），其中收录的一系列文章回应了普兰丁格最初对于自然主义自我挫败的论证。Nagel（2012，27）支持了普兰丁格的观点。

51. 我用地图的类比来说明我所说的理论，并在 Zagzebski（2017，第一章）中将这个类比运用于道德理论。

16. John Searle（1994，96）认为基于相似的原因，我们必须放弃思维的视觉模型。

17．见 Neuhouser（1990，第三章）。有关费希特自我设定的主体的思想和倒退问题的讨论在 75 页前后。

18．Richard Sorabji（2006，206—207）将亚里士多德的这一段作为倒退问题的答案进行了探讨，他提到 19 世纪晚期哲学家弗朗兹·布伦塔诺吸收了亚里士多德的思想，形成了他对倒退问题的解决方案。

19．参考 Anscombe（1975），其中有一段著名论述，是说“我”一词没有指代的功能，尤其是它并不指代讲话者。

20．费希特运用了我在前面提到的论述，并以此作为原因之一来摒弃运用在自我意识方面的心灵表征论观点，在此之后，费希特详细讨论了主体与客体的同一性（也就是他所说的“我 = 我”）。见 Fichte（1982，第一部分）。

21．如果持久的自我需要一个证据，这也并不是那个证据。这是一个观察结果，认为作为主体的自我和作为客体的自我之间的差异在记忆中被弥合了。如果不能相信记忆，也不存在持久的自我，那就不存在反思意识。

22．意识到主观的我就是外界认识、描述的那个客观的人，这并不困难。如果是要意识到个体的主体状态就是客观描述中的某个状态，那就会困难一些。一个总体客观概念要有望成功，那么在这个概念中，对我思维状态的客观描述就一定是这样的东西：我本人可以像意识到客观描述中的琳达·扎格泽博斯基与我指代的是同一个人那样意识到它。在意识到自己主观意识状态就是某种大脑状态后，所面临的问题之一便是我缺乏对两者间这样同一关系的认知。

第六章　未来

1. Wittgenstein (2009, § 243).
2. 比如参见 Simone de Beauvoir (2009)、Held (2006)。
3. 镜像神经元是动物体内的一种神经元，会在动物做出某种行为时被触发，也会在动物观察到其他动物做出相同行为时被触发。在1990年代晚期，意大利帕尔马大学的神经学家发现，当猴子看到另一个动物伸手抓花生时，猴子体内被触发的神经元与猴子自己去抓花生时所触发的神经元相同（Ramachandran 2011，121—122）。尽管在人类体内并没有发现镜像神经元，但仍有一个猜想，那便是一个人对他人意图或感受的神经伴随与对其自身相同意图或感受的神经伴随相同（参见 Iacoboni et al. 2005）。Iacoboni（2009）也同样提出镜像神经系统是模仿的基础，会促进社会行为。V. S. Ramachandran（2011，122）曾猜测解读他人意图的能力和模仿他们发声的能力，也就是两种似乎都与镜像神经元相关联的能力，可能共同塑造了人类语言的演化历程。
4. 一项针对儿童癌症患者及其家长的研究（Penner et al.，2008）发现，在治疗期间，儿童报告的疼痛减少与家长对儿童病痛给予了更多情感回应相关。在另一项研究（Manczak et al.，2016）中，研究人员就共情的影响对247对父母及他们处于青春期的子女展开了调查。他们发现父母共情与子女更强的心理和生理健康之间存在关联，不过父母共情水平越高，其患慢性低度炎症的可能性就越大。在善于共情的医务人员中，也有其他生理问题的报告。因此，显然，对共情者来说，共情的效果并不总是积极的。

5. 文学和电影天然地善于表达主体性。文学聚焦于虚构角色的主体性，带来了某些有关主体性的有趣谜题，比方说，虚构的角色可以像真正的人一样具有独特性吗？由于主体性以娱乐的形式表达了出来，其中一定有有趣之处，或者至少令人惬意之处。我们为什么如此喜爱这种形式呢？
6. Maxwell（2006），引用于 McGilchrist（2009，250）。
7. 丹·扎哈维在一部很有影响力的著作中总结了胡塞尔的观点，非常有帮助。在这本书中，扎哈维让现象学研究与心灵分析哲学和认知科学展开了对话（2005，第六章，第二节）。
8. 有关胡塞尔双重感觉思想的讨论，见 Taipale（2014，51）和 Zahavi（2005，157）。
9. 胡塞尔与亚里士多德形成了有趣的对照，亚里士多德在《形而上学》开篇便提出我们最爱的是视觉。“不仅是在实际活动中，即使是在我们并未打算做些什么的时候，我们在所有感官中也最爱视觉。这是因为与其他感官相比，视觉最能让我们认识事物，了解事物间的差异。”在主体与客体之间，视觉创造了比触觉更远的距离。西方哲学如果没有如此强调视觉，也许会走上一条与现在不同的道路。
10. 可参考 Dermot Moran（2016），这是近期的一篇论文，详细介绍了主体间性在胡塞尔和梅洛–庞蒂著作中的基础性地位。
11. 肖恩·加拉格尔认为现象学在 1960 年代进入衰落期，但在 1990 年代获得重生，这一观点尤其出现在加拉格尔将现象学与认知科学相关联的著作中（2012，14—15）。
12. 与这一点相关联的思想是“包含了纯指示词的命题无法简化为将

这些指示词全部去掉的命题”，这一点可参考 Castaneda（1966）和 Perry（1979）。如果“我”是一个不能去掉的指示词，那么“你”可能也不能去掉。我不会在这里深入探讨这个问题。很有可能第一人称命题与第三人称命题非常不同，也有可能命题都是客观的，而主体性的存在表明这个世界中有很多无法用命题来表达的事物。没有命题可以完全表达出“我”所代表的意思。这一点同样适用于诸如“这里”和“现在”一类的指示词。

13. 我的立场是，观点的第一人称理性（reasons）是获得这一观点的人所具有的意识状态。其他观点、情感和经验创造出新的观点，一个理性的人会反思自己的意识状态来让这些观点、情感和经验等和谐共存，因为如果它们无法和谐共存，就意味着哪里出了问题：可能是某个观点有误，可能是某种情感不适当，也可能是某个计划偏离了正轨。一个认真践行自我治理的人会对自身意识状态之中的冲突进行评判从而使她的意识与这个世界相适应。相比之下，第三人称理性包含了我们通常所说的证据，是一种可以提供给他人的理性，不管这个人有怎样的经历、过去曾持有怎样的观点。不过，如果我们接受了这些证据，它们便成为了我们自己观点的一部分，变成了第一人称理性。除了在 Zagzebski（2012）中，我在 Zagzebski（2011）和 Zagzebski（2014）中都讨论了这一区别。

14. 在多项研究中，格勒恩·瑞德和他的同事（2005）发现，人们倾向于将负面动因归于与自己不同的人，而且人们对某个问题感受越强烈，对对立一方隐藏的动机就越怀疑。自瑞德的研究以来，这个问题在社交媒体中已变得非常明显，因为社交媒体上的评论必须非常简短，微妙之处都被抹去了，人们更有可能对对立一方的言论做出最坏的解读。我想到的是在推特或脸书上读一篇帖子与花两小时看一部电影或花两天读一部小说之间的差异。如果别人花很长时间来试图说明他们对这个世界的看法，我会认真对待，即使他们的观点与我的观点相左，我也不会特别怀疑他们的动机。

15. 并不是每个人都想鼓励共情。Paul Bloom（2016）提出了“理性同情”，也就是在不与他人分享情感的情况下站在他人的角度去看问题，并在其著作《摆脱共情》中为此辩护。由于布卢姆仍然维护了某种形式的主体间性，因此他的观点并非与我在本节中提出的观点对立。

16. 有些学者认为共情是“情感匹配”，也就是共情者体验了与被共情者相似的感受（Snow 2000；De Vignemont and Singer 2006；De Vignemont and Jacob 2012），另一些学者则认为就从被共情者的角度出发的做法而言，其中的认知成分是共情所必需的，或者有了这一成分就足以展开共情了（Goldie 1999；Rameson and Lieberman 2009；Ickes 2003）。John Michael（2014）对有关共情本质的分歧进行了总结，很有帮助。迈克尔认为，主要争议在于某些情感现象或认知现象究竟是共情的必要条件还是共情的标志性特点或结果。他同时认为不管这些现象是否被概念化为共情的必要条件，共情都可以凭借它们激发人际间的理解。这很有道理。这样一来，不管这些现象是否是共情的一部分，应该都有可能针对这些现象与人际间理解之间的关联取得共识。

17. 参见Talisse(2016,80),塔利斯指的是Iyengar and Krupenkin(2018)和 Williamson（2008）。

18. 对于分化的研究主要适用于政治观念的两极化，不过我怀疑分化现象适用的范围远不止于此，可能还包括哲学、道德、宗教等观点的分化。

19. 塔利斯的想法听起来很合理，但这一思想面临的一个困境在于，即使是对朋友和家人，人们有时也会在了解到他们的政治观点后疏远他们。发现观点上的对立足以削弱业已存在的共情与信任。

20. 鲜有将梦作为研究对象的领域，精神分析研究是其中之一。弗洛伊德的《梦的解析》是这一领域中的里程碑式著作。Jonathan Lear（2008）在著作《激进的希望》中介绍了一个重要的梦如何塑造了北美克罗族原住民的命运。李尔不仅有哲学背景，还有精神分析的背景。精神分析通常都对梦进行严肃的分析，但这本书是个例外。

21. *ST* 3, supp. q. 72, a. 1; q. 92, a. 3.

参考文献

Alexander, Stephon. (2016). *The Jazz of Physics: The Secret Link between Music and the Structure of the Universe*. New York: Basic Books.

Alter, Robert, transl. (2007). *The Book of Psalms*. New York: W. W. Norton.

Amodio, David M., and Jillian K. Swencionis. (2018). "Proactive Control of Implicit Bias: A Theoretical Model and Implications for Behavior Change." *Journal of Personality and Social Psychology* 115 (2): 255–275.

Anscombe, G.E.M. (1975). "The First Person." In *Mind and Language: Wolfson College Lectures*. Samuel D. Guttenplan, editor. Oxford: Oxford University Press, 45–65.

Aquinas, Thomas. (1922). *Summa Theologica* [*ST*]. Fathers of the English Dominican Province, translators. London: Burns, Oates and Washbourne.

——. (1954). *De Veritate*. R. W. Mulligan (Q. 1–9), J. V. McGlynn (Q. 10–20), and R. W. Schmidt (Q. 21–29), translators. Chicago: Henry Regnery.

——. (1975). *Summa Contra Gentiles*. A. C. Pegis (bk. 1), J. F. Anderson (bk. 2), V. J. Bourke (bks. 3 and 4), and C. J. O'Neil (bk. 5), translators. Notre Dame, IN: University of Notre Dame Press.

Aristotle. *De Anima*. J. A. Smith, translator. In Barnes (1984).

——. *Eudemian Ethics*. J. Solomon, translator. In Barnes (1984), vol. 2.

——. *Metaphysics*. W. D. Ross, translator. In Barnes (1984).

——. *Nicomachean Ethics* [*NE*]. W. D. Ross, translator. In Barnes (1984).

——. *Poetics*. Ingram Bywater, translator. In Barnes (1984).

——. *Politics*. Benjamin Jowett, translator. In Barnes (1984).

Armstrong, David M. (1961). *Perception and the Physical World*. London: Routledge and Kegan Paul.

Armstrong, Karen. (1994). *A History of God: A 4,000-Year Quest of Judaism, Christianity, and Islam*. New York: Ballantine Books.

Art in Quest of Heaven and Truth. (2012). Exhibit book for "Chinese Jades through the Ages." Taipei, Taiwan: National Palace Museum.

"Art through Time: A Global View." *Annenberg Learner*. Retrieved November 14, 2020, from https://www.learner.org/series/art-through-time-a-global-view/.

Augustine. (1993a). *Confessions*. E. J. Sheed, translator. Indianapolis: Hackett Publishing.

——. (1993b). *On the Free Choice of the Will*. Thomas Williams, translator. Indianapolis: Hackett Publishing.

——. (2002). *On the Trinity*. Gareth Matthews, editor; Stephen McKenna, translator. Cambridge: Cambridge University Press.

Baehr, Jason, ed. (2016). *Intellectual Virtues in Education: Essays in Applied Virtue Epistemology*. New York: Routledge.

Baker, Lynn Rudder. (2013). "Can Subjectivity Be Naturalized?" *International Studies in Phenomenology and Philosophy* 1 (2): 15–25.

Bakhtin, Mikhail. (1981). *The Dialogic Imagination: Four Essays*. Caryl Emerson and Michael Holquist, translators. Austin: University of Texas Press.

Ballantyne, Nathan. (2019). *Knowing Our Limits*. New York: Oxford University Press.

Balthasar, Hans Urs von. (1986). "On the Concept of Person." Peter Verhalen, translator. *Communio: International Catholic Review* 13 (1): 18–26.

Barnes, Jonathan, ed. (1984). *Complete Works of Aristotle*. 2 vols. Princeton, NJ: Princeton University Press.

Beauvoir, Simone de. (2009). *The Second Sex*. Constance Borde and Sheila Malovany-Chevallier, translators. New York: Alfred A. Knopf.

Beilby, James K., ed. (2002). *Naturalism Defeated? Essays on Plantinga's Evolutionary Argument against Naturalism*. Ithaca, NY: Cornell University Press.

Bell, Martha A. (2015). "Bringing the Field of Infant Cognition and Perception toward a Biopsychosocial Perspective." In *Handbook of Infant Biopsychosocial Development*. Susan D. Calkins, editor. New York: Guilford Press, 27–37.

Berkeley, George. (1979). *Three Dialogues between Hylas and Philonous*. Robert Merrihew Adams, editor. Indianapolis: Hackett Publishing.

Bigongiari, Dino, and Henry Paolucci. (2005). *Backgrounds of the Divine Comedy: A Series of Lectures*. Anne Paolucci, editor. Dover, DE: Griffon House.

Bloom, Paul. (2016). *Against Empathy: The Case for Rational Compassion*. New York: HarperCollins.

Boethius. (1973). *The Theological Tractates and The Consolation of Philosophy*. H. F. Stewart, E. K. Rand, and S. J. Tester, translators. Cambridge, MA: Harvard University Press (Loeb Classical Library).

Boltz, William G. (2000/2001). "The Invention of Writing in China." *Oriens Extremus* 42: 1–17.

Borges, Jorge Luis. (1998). *Collected Fictions*. Andrew Hurley, translator. New York: Viking Penguin.

Botvinick, Matthew, Amishi P. Jha, Lauren M. Bylsma, Sara A. Fabian, Patricia E. Solomon, and Kenneth M. Prkachin. (2005). "Viewing Facial Expressions of Pain Engages Cortical Areas Involved in the Direct Experience of Pain." *NeuroImage* 25 (1): 312–319.

Brennan, Andrew, and Y. S. Lo. (2010). "Two Conceptions of Dignity: Honour and Self-Determination." In *Perspectives on Human Dignity: A Conversation*. Jeff Malpas and Norelle Lickiss, editors. Dordrecht: Springer, 43–58.

Brindley, Erica. (2012). *Music, Cosmology, and the Politics of Harmony in Early China*. Albany: SUNY Press.

Buber, Martin. (1970). *I and Thou*. Walter Kaufmann, translator. New York: Simon and Schuster.

Burckhardt, Jacob. ([1860] 1954). *The Civilization of the Renaissance in Italy*. New York: Modern Library.

Burge, Tyler. (1979). "Individualism and the Mental." *Midwest Studies in Philosophy* 4: 73–121.
——. (1986). "Individualism and Psychology." *Philosophical Review* 95 (1): 3–45.
Burke, James. (1985). *The Day the Universe Changed*. London: London Writers.
Burkert, Walter. (1999). "The Logic of Cosmogony." In *From Myth to Reason? Studies in the Development of Greek Thought*. Richard Buxton, editor. Oxford: Oxford University Press, 87–106.
Butchvarov, Panayot. (1998). *Skepticism about the External World*. New York: Oxford University Press.
Butler, Judith. (1990). *Gender Trouble: Feminism and the Subversion of Identity*. London: Routledge.
Buxton, Richard. (1999). "Introduction." In *From Myth to Reason? Studies in the Development of Greek Thought*. Richard Buxton, editor. Oxford: Oxford University Press, 1–21.
Cahill, Thomas. (1998). *The Gifts of the Jews: How a Tribe of Desert Nomads Changed the Way Everyone Thinks and Feels*. Hinges of History. New York: Anchor Books.
Carrithers, Michael. (1985). "An Alternative Social History of the Self." In Carrithers et al. (1985), 234–256.
Carrithers, Michael, Steven Collins, and Steven Lukes, eds. (1985). *The Category of the Person: Anthropology, Philosophy, History*. Cambridge: Cambridge University Press.
Carruthers, Peter. (1996). "Simulation and Self-Knowledge: A Defence of Theory-Theory." In *Theories of Theories of Mind*. Peter Carruthers and Peter K. Smith, editors. Cambridge: Cambridge University Press, 22–38.
——. (2011). *The Opacity of Mind: An Integrative Theory of Self-Knowledge*. Oxford: Oxford University Press.
Carruthers, Peter, Logan Fletcher, and J. Brendan Ritchie. (2012). "The Evolution of Self-Knowledge." *Philosophical Topics* 40 (2): 13–37.
Castaneda, Hector-Neri. 1966, "'He': A Study in the Logic of Self-Consciousness." *Ratio* 8: 130–157.
Cervantes, Miguel de. (2003). *Don Quixote*. Edith Grossman, translator. New York: HarperCollins.
Cheng, Yawei, Chia-Yen Yang, Ching-Po Lin, Po-Lei Lee, and Jean Decety. (2008). "The Perception of Pain in Others Suppresses Somatosensory Oscillations: A Magnetoencephalography Study." *NeuroImage* 40 (4): 1833–1840.
Cicero, Marcus Tullius. (1887). *De Officiis*. Andrew P. Peabody, translator, with introduction and notes. Boston: Little, Brown.
Cohen, H. (2003). "Scientific Revolution." In *The Oxford Companion to the History of Modern Science*. J. L. Heilbron, editor. New York: Oxford University Press, 741–743.
Cooke, Elizabeth F. (2006). *Peirce's Pragmatic Theory of Inquiry: Fallibilism and Indeterminacy*. New York: Bloomsbury Continuum.

Collins, Steven. (1985). "Categories, Concepts, or Predicaments? Remarks on Mauss's Use of Philosophical Terminology." In Carrithers et al. (1985), 46–82.

Collobert, Catherine. (2009). "Philosophical Readings of Homer: Ancient and Contemporary Insights." In *Logos and Muthos: Philosophical Essays in Greek Literature*. William Wians, editor. Albany: SUNY Press, 133–157.

Copenhaver, Brian. (2016). "Giovanni Pico della Mirandola." *The Stanford Encyclopedia of Philosophy*. Edward Zalta, editor. https://plato.stanford.edu/archives/spr2017/entries/pico-della-mirandola/.

Coseru, Christian. (Spring 2017). "Mind in Indian Buddhist Philosophy." *The Stanford Encyclopedia of Philosophy*. Edward Zalta, editor. https://plato.stanford.edu/archives/spr2017/entries/mind-indian-buddhism/.

Creath, Richard. (Fall 2017). "Logical Empiricism." *The Stanford Encyclopedia of Philosophy*. Edward N. Zalta, editor. https://plato.stanford.edu/archives/fall2017/entries/logical-empiricism/.

Crick, Francis. (1981). *Life Itself: Its Origin and Nature*. New York: Simon and Shuster (Touchstone).

Crisp, Thomas M. (2004). "On Presentism and Triviality" and "Reply to Ludlow." In *Oxford Studies in Metaphysics*, vol. 1. Dean W. Zimmerman, editor. New York: Oxford University Press, 15–20 and 37–46.

Curd, Patricia, ed. (2011). *A Pre-Socratics Reader: Selected Fragments and Testimonia*. 2nd ed. Richard D. McKirahan and Patricia Curd, translators. Indianapolis: Hackett Publishing.

Curl, James S. (2003). *Classical Architecture: An Introduction to Its Vocabulary and Essentials, with a Select Glossary of Terms*. New York: Norton.

Dante Alighieri. (2020). *The Divine Comedy. Paradise*. Alasdair Gray, translator. Edinburgh, UK: Canongate Books.

Davidson, Donald. (2001a). "Knowing One's Own Mind." In *Subjective, Intersubjective, Objective*. Oxford: Clarendon Press.

——. (2001b). "The Myth of the Subjective." In *Subjective, Intersubjective, Objective*. Oxford: Clarendon Press.

Dawkins, Richard. (2006). *The Selfish Gene*. 30th anniv. ed. Oxford: Oxford University Press.

——. (2011). *The Magic of Reality: How We Know What's Really True*. New York: Free Press.

Dennett, Daniel. (1991). *Consciousness Explained*. Boston: Little, Brown.

——. (2017). *From Bacteria to Bach and Back: The Evolution of Minds*. New York: W. W. Norton.

Dennett, Daniel, and John Searle. (1995). "'The Mystery of Consciousness': An Exchange." *New York Review of Books*, December 21.

Descartes, René. (1964–76). *Oeuvres de Descartes*. 11 vols. Charles Adam and Paul Tannery, editors. Paris: Vrin/CNRS.

——. (1971). *Philosophical Writings*. Elizabeth Anscombe and Peter Geach, translators. Indianapolis: Bobbs-Merrill.

——. (1984). *The Philosophical Writings of Descartes*, vol. 2. J. Cottingham, R. Stoothoff, and D. Murdoch, translators. Cambridge: Cambridge University Press.

——. (1998). *Discourse on Method and Meditations on First Philosophy*. D. Cress, translator. Indianapolis: Hackett Publishing.

——. (2006). *Meditations on First Philosophy*. R. Ariew and D. Cress, translators. Indianapolis: Hackett Publishing.

De Vignemont, F., and P. Jacob. (2012). "What Is It Like to Feel Another's Pain?" *Philosophy of Science* 79 (2): 295–316.

De Vignemont, F., and T. Singer. (2006). "The Empathic Brain: How, When and Why?" *Trends in Cognitive Sciences* 10 (10): 435–441.

Devlin, Keith. (1997). *Mathematics: The Science of Patterns: The Search for Order in Life, Mind and the Universe*. New York: Scientific American Paperback.

Duhem, Pierre. (1969). *To Save the Phenomena: An Essay on the Idea of Physical Theory from Plato to Galileo*. Edmund Dolan and Chaninah Maschler, translators. Chicago: University of Chicago Press.

——. (1985). *Medieval Cosmology: Theories of Infinity, Place, Time, Void, and the Plurality of Worlds*. Roger Ariew, translator. Chicago: University of Chicago Press.

Easwaran, Eknath, trans. (2007). *The Upanishads*. Tomales, CA: Nilgiri Press.

Egginton, William. (2016). *The Man Who Invented Fiction: How Cervantes Ushered in the Modern World*. New York: Bloomsbury.

Einstein, Albert. (1950). "Physics and Reality." In *Out of My Later Years*. New York: Philosophical Library.

Emerson, Ralph Waldo. (1982). "Self-Reliance." In *Nature and Selected Essays*. New York: Penguin Classics.

Ettinghausen, Richard, Oleg Grabar, and Marilyn Jenkins-Madina. (2001). *Islamic Art and Architecture, 650–1250*. Yale University Press Pelican History of Art. New Haven, CT: Yale University Press.

Feldman, Richard, and Ted A. Warfield. (2010). *Disagreement*. Oxford: Oxford University Press.

Fichte, Johann Gottlieb. (1982). *Science of Knowledge*. 2nd ed. Peter Heath and John Lachs, editors and translators. Cambridge: Cambridge University Press.

Finn, Michael R. (2017). *Figures of the Pre-Freudian Unconscious from Flaubert to Proust*. New York: Cambridge University Press.

Flaig, Egon. (2013). "To Act with Good Advice: Greek Tragedy and the Democratic Political Sphere." In *The Greek Polis and the Invention of Democracy: A Politico-Cultural Transformation and Its Interpretations*. Johann P. Arnason, Kurt A. Raaflaub, and Peter Wagner, editors. Chichester, UK: Wiley-Blackwell, 71–98.

Foucault, Michel. (1990). *A History of Sexuality*, vols. 1–3. Robert Hurley, translator. New York: Vintage Books.

——. (1995). *Discipline and Punish: The Birth of the Prison*. Alan Sheridan, translator. New York: Vintage Books.

——. (2016). *About the Beginnings of the Hermeneutics of the Self: Two Lectures at Dartmouth College*. In *Self and Subjectivity*. Kim Atkins, editor. Malden, MA: Blackwell Publishing, 211–219.

Frankfort, Henri, H. A. Frankfort, John A. Wilson, and Thorkild Jacobsen. (1946). *Before Philosophy*. Baltimore, MD: Penguin Books.

Freud, Sigmund. (2010). *The Interpretation of Dreams*. James Strachey, translator and editor. Basic Books.

Fry, Iris. (2000). *The Emergence of Life on Earth*. New Brunswick, NJ: Rutgers University Press.

Fukuyama, Francis. (2018). *Identity: The Demand for Dignity and the Politics of Resentment*. New York: Farrar, Straus and Giroux.

Gadamer, Hans-Georg. (1981). "On the Philosophic Element in the Sciences and the Scientific Character of Philosophy." In *Reason in the Age of Science*. Frederick G. Lawrence, translator. Cambridge, MA: MIT Press.

Gallagher, Shaun. (2012). *Phenomenology*. Basingstoke, UK: Palgrave Macmillan.

Gaukroger, S. (1999). "Beyond Reality: Nietzsche's Science of Appearances." In *Nietzsche, Theories of Knowledge, and Critical Theory: Nietzsche and the Sciences*. B. E. Babich, editor. Boston Studies in the Philosophy of Science, vol. 203. Dordrecht: Springer, 37–49.

——. (2006). *The Emergence of a Scientific Culture: Science and the Shaping of Modernity, 1210–1685*. Oxford: Oxford University Press.

Geddert, Jeremy S. (2017). *Hugo Grotius and the Modern Theology of Freedom: Transcending Natural Rights*. New York: Routledge.

Gewirth, Alan. (1982). *Human Rights: Essays on Justification and Applications*. Chicago: University of Chicago Press.

Goldie, Peter. (1999). "How We Think of Others' Emotions." *Mind and Language* 14 (4): 394–423.

Goodin, Robert E. (2003). *Reflective Democracy*. Oxford: Oxford University Press.

Grabar, Andre. (1968). *Christian Iconography: A Study of Its Origins*. A. W. Mellon Lectures in the Fine Arts. Princeton, NJ: Princeton University Press.

Greasley, Kate, and Christopher Kaczor. (2018). *Abortion Rights: For and Against*. New York: Cambridge University Press.

Gregory, Brad S. (2012). *The Unintended Reformation: How a Religious Revolution Secularized Society*. Cambridge, MA: Belknap Press.

Greif, Avner. (2006). "Family Structure, Institutions, and Growth: The Origins and Implications of Western Corporations." *American Economic Review* 96: 308–312.

Griffin, James. (2008). *On Human Rights*. New York: Oxford University Press.

Gutas, Dimitri. (2009). "Origins in Baghdad." In *The Cambridge History of Medieval Philosophy*, vol. 1. Robert Pasnau, editor. Cambridge: Cambridge University Press, 9–25.

Guthrie, Kenneth Sylvan. (1988). *The Pythagorean Sourcebook and Library*. David Fideler, editor; Kenneth Sylvan Guthrie, translator. Grand Rapids, MI: Phanes Press.

Gutmann, Amy, and Dennis Thompson. (1996). *Democracy and Disagreement*. Cambridge, MA: Belknap Press.

Haidt, Jonathan. (2012). *The Righteous Mind: Why Good People Are Divided by Politics and Religion*. New York: Vintage Books.

Hallam, Jennifer. (2017). "Cosmology and Belief." *Art through Time: A Global View*. https://www.learner.org/series/art-through-time-a-global-view/cosmology-and-belief/. St. Louis, MO: Annenberg Learner Media.

Hankinson, R. J. (2008). "Reason, Cause, and Explanation in Pre-Socratic Philosophy." In *The Oxford Handbook of Pre-Socratic Philosophy*. Patricia Curd and Daniel W. Graham, editors. Oxford: Oxford University Press.

Hannam, James. (2010). *God's Philosophers: How the Medieval World Laid the Foundations of Modern Science*. London: Icon Books.

Hardcastle, Valerie Gray, ed. (1999). *Where Biology Meets Psychology: Philosophical Essays*. Cambridge, MA: MIT Press.

Harman, Gilbert. (1996). "Explaining Objective Color in Terms of Subjective Reactions." *Philosophical Issues* 7 (Perception): 1–17.

Harper, Robert F. (1904). *The Code of Hammurabi: King of Babylon about 2250 B.C.* Chicago: University of Chicago Press.

Harré, Rom. (2006). "Resolving the Emergence-Reduction Debate." *Synthese* 151 (3): 499–509.

Hawking, Stephen W. (1988). *A Brief History of Time: From the Big Bang to Black Holes*. Toronto: Bantam Books.

Hegel, G.W.F. (1977). *Phenomenology of Spirit*. A. V. Miller, translator. Oxford: Oxford University Press.

——. (2020). *Lectures on the History of Philosophy*. E. S. Haldane and Frances H. Simson, translators. Delhi: Lector House.

Held, Virginia. (2006). *The Ethics of Care: Personal, Political, and Global*. New York: Oxford University Press.

Hempel, Carl. (1950) "Problems and Changes in the Empiricist Criterion of Meaning." *Revue Internationale de Philosophie* 41 (11): 41–63.

——. (1951) "The Concept of Cognitive Significance: A Reconsideration." *Proceedings of the American Academy of Arts and Sciences* 80 (1): 61–77.

——. (1980). "Comments on Goodman's Ways of Worldmaking," *Synthese* 45 (2) (October): 193–199.

Hendrix, John Shannon. (2015). "Unconscious Thought in Freud." In *Unconscious Thought in Philosophy and Psychoanalysis*. London: Palgrave Macmillan.

Henrich, Dieter. (1982). "Fichte's Original Insight." In *Contemporary German Philosophy*, vol. 1. D. E. Christensen, editor. University Park: Pennsylvania State University Press, 15–53.

Heraclitus. (2011). Untitled fragment. In *A Pre-Socratics Reader: Selected Fragments and Testimonia*. 2nd ed. Patricia Curd, editor; Richard D. McKirahan and Patricia Curd, translators. Indianapolis: Hackett Publishing.

Hermann, Arnold. (2004). *To Think Like God: Pythagoras and Parmenides: The Origins of Philosophy*. Las Vegas: Parmenides Publishing.

Hickok, Gregory. (2014). *The Myth of Mirror Neurons*. New York: W. W. Norton.

Hobbes, Thomas. (1994). *Leviathan*. Indianapolis: Hackett Publishing.

Hopper, V. F. ([1938] 2000). *Medieval Number Symbolism: Its Sources, Meaning, and Influence on Thought and Expression*. Reprint; Mineola, NY: Dover Publications.

Hume, David. (1975). *Enquiries concerning Human Understanding and concerning the Principles of Morals*. L. A. Selby-Bigge and Peter H. Nidditch, editors. Oxford: Clarendon Press.

——. (2000). *A Treatise of Human Nature*. Mary J. Norton and David F. Norton, editors. Oxford: Oxford University Press.

Hung, Wu. (1999). "The Art and Architecture of the Warring States Period." In *The Cambridge History of Ancient China: From Origins to Civilization to 221 B.C.* Michael Loewe and Edward Shaughnessy, editors. New York: Cambridge University Press, 651–744.

Hunter, James Davison. (1992). *Culture Wars: The Struggle to Define America*. New York: Basic Books.

Hursthouse, Rosalind. (1991). "Virtue Theory and Abortion." *Philosophy and Public Affairs* 20: 223–246.

Husserl, Edmund. (1960). *Cartesian Meditations*. Dorian Cairns, translator. The Hague: Martinus Nijhoff.

——. (1967) *Ideas*. W. R. Boyce Gibson, translator. New York: Collier.

Iacoboni, M. (2009). "Imitation, Empathy, and Mirror Neurons." In *Annual Review of Psychology* 60 (1): 653–670.

Iacoboni, M., I. Molnar-Szakacs, V. Gallese, G. Buccino, and J. C. Mazziotta. (2005). "Grasping the Intentions of Others with One's Own Mirror Neuron System." *PLOS Biology* 3 (3): e79.

Ickes, William. (2003). *Everyday Mind Reading: Understanding What Other People Think and Feel*. Amherst, NY: Prometheus Books.

Illingworth, John Richardson. (1902). *Personality, Human, and Divine: Being the Bampton Lectures for the Year 1894*. London: Macmillan.

Indich, William. (2000). *Consciousness in Advaita Vedanta*. New Delhi: Motilal Barnarsidass.

Iyengar, Shanto, and Masha Krupenkin. (2018). "The Strengthening of Partisan Affect." *Advances in Political Psychology* 39 (1): 201–218.

Jabbi, Mbemba, Marte Swart, and Christian Keysers. (2007). "Empathy for Positive and Negative Emotions in the Gustatory Cortex." *NeuroImage* 34 (4): 1744–1753.

Jaki, Stanley. (1978). *The Origin of Science and the Science of Its Origins*. South Bend, IN: Regnery Gateway.

Jaspers, Karl. (1951). *The Way to Wisdom: An Introduction to Philosophy*. R. Manheim, translator. New Haven, CT: Yale University Press.

——. (1953). *The Origin and Goal of History*. M. Bullock, translator. New Haven, CT: Yale University Press.

Jingo, Minoru (producer), and Akira Kurosawa (director). (1994). *Rashomon.* Japan: Daiei Film.

Johnson, Casey R. (2018). *Voicing Dissent: The Ethics and Epistemology of Making Disagreements Public.* New York: Routledge, Taylor and Francis.

——. (2019). "Intellectual Humility and Empathy by Analogy." *Topoi* 38: 221–228.

Jones, Mark Wilson. (2014). *Origins of Classical Architecture: Temples, Orders and Gifts to the Gods in Ancient Greece.* New Haven, CT: Yale University Press.

Joost-Gaugier, Christiane L. (2006). *Measuring Heaven: Pythagoras and His Influence on Thought and Art in Antiquity and the Middle Ages.* Ithaca, NY: Cornell University Press.

Josephson-Storm, Jason Ā. (2017). *The Myth of Disenchantment: Magic, Modernity, and the Birth of the Human Sciences.* Chicago: University of Chicago Press.

Kallestrup, Jesper. (2012). *Semantic Externalism.* New Problems of Philosophy Series. Abingdon, UK: Routledge.

Kant, Immanuel. (1950). *Prolegomena to Any Future Metaphysics.* Lewis White Beck, translator. Library of Liberal Arts Series 27. Indianapolis: Bobbs-Merrill.

——. (2007). *Critique of Pure Reason* [*CPR*]. Marcus Weigelt, translator. London: Penguin Classics.

——. (2009). *Groundwork of the Metaphysic of Morals.* H. J. Paton, translator. Harper Perennial Modern Thought Series. New York: HarperCollins.

Kateb, George. (2014). *Human Dignity.* Cambridge, MA: Belknap Press.

Kepler, Johannes. [1619] (2014). *Harmonies of the World.* Charles Glenn Wallis, translator. Scotts Valley, CA: CreateSpace Independent Publishing Platform.

Ker, William Paton. (1922). *Epic and Romance: Essays on Medieval Literature.* London: Macmillan.

Kierkegaard, Søren. (1941). *Concluding Unscientific Postscript.* David F. Swenson and Walter Lowrie, translators. Princeton, NJ: Princeton University Press.

Kirk, Geoffrey Stephen. (1974). *The Nature of Greek Myths.* Harmondsworth: Penguin Books.

Klima, Gyula. (2015). "Semantic Content in Aquinas and Ockham." In *Linguistic Content: New Essays on the History of Philosophy of Language.* M. Cameron and R. J. Stainton, editors. Oxford: Oxford University Press, 121–135.

Konrath, S., and D. Grynberg. (2016). "The Positive (and Negative) Psychology of Empathy." In *The Neurobiology and Psychology of Empathy.* D. Watt and J. Panksepp, editors. Hauppauge, NY: Nova Science Publishers.

Korsgaard, Christine. (2009). *Self-Constitution: Agency, Identity, and Integrity.* Oxford: Oxford University Press.

Kripke, Saul. (1980). *Naming and Necessity.* Cambridge, MA: Harvard University Press.

Lagercrantz, H. (2016). *Infant Brain Development: Formation of the Mind and the Emergence of Consciousness.* New York: Springer.

Lamm, Claus, C. D. Batson, and Jean Decety. (2007). "The Neural Substrate of Human Empathy: Effects of Perspective-taking and Cognitive Appraisal." *Journal of Cognitive Neuroscience* 19 (1): 42–58.

Lao Tzu. (1963). *Tao Te Ching*. D. C. Lau, translator. London: Penguin Classics.
Lau, Joe, and Max Deutsch. (Winter 2016). "Externalism about Mental Content." *The Stanford Encyclopedia of Philosophy*. Edward Zalta, editor. https://plato.stanford.edu/archives/win2016/entries/content-externalism/.
Lear, Jonathan. (2008). *Radical Hope*. Cambridge, MA: Harvard University Press.
Le Bihan, D., R. Turner, T. A. Zeffiro, C. A. Cuénod, P. Jezzard, and V. Bonnerot. (1993). "Activation of Human Primary Visual Cortex during Visual Recall: A Magnetic Resonance Imaging Study." *Proceedings of the National Academy of Sciences of the USA* 90 (24): 11802–11805.
Leibniz, Gottfried Wilhelm. (1951). *Selections*. Philip Wiener, editor. New York: Scribner's.
Leo the Great (Pope). (1997). *Nicene and Post Nicene Fathers*. 2nd ser. Vol. 12, *Leo the Great, Gregory the Great*. Phillip Schaff and Rev. Henry Wallace, editors. New York: Cosimo Classics.
Leonardo da Vinci. (2008). *Notebooks*. I. A. Richter and M. Kemp, editors. New York: Oxford University Press.
Lewis, C. S. (1964). *The Discarded Image: An Introduction to Medieval and Renaissance Literature*. Cambridge: Cambridge University Press.
——. (2009). *The Abolition of Man*. San Francisco: HarperOne.
Lewis, Milton. (2010). "A Brief History of Human Dignity: Idea and Application." In *Perspectives on Human Dignity*. Jeff Malpas and Norelle Lickiss, editors. Dordrecht: Springer, 93–105.
Livingstone, Niall. (2011). "Instructing Myth: From Homer to the Sophists." In *A Companion to Greek Mythology*. Ken Dowden and Niall Livingstone, editors. Chichester, UK: Wiley-Blackwell, 125–140.
Locke, John. (1975). *An Essay concerning Human Understanding*. Oxford: Oxford World's Classics.
——. (2004). *An Essay concerning Human Understanding*. Alexander Campbell Fraser, editor. New York: Barnes and Noble.
Long, Anthony A. (2013). "Heraclitus on Measure and the Explicit Emergence of Rationality." In *Doctrine and Doxography: Studies on Heraclitus and Pythagoras*. D. Sider and D. Obbink, editors. Studies in the Recovery of Ancient Texts. Berlin: De Gruyter, 201–224.
Lopez, Donald S., Jr. (2009). *The Story of Buddhism: A Concise Guide to Its History and Teachings*. New York: HarperCollins.
Lugones, Maria. (1987). "Playfulness, 'World'-Travelling, and Loving Perception," *Hypatia* 2 (2) (Summer): 3–19.
Luther, Martin. (1957). *Christian Liberty*. Harold J. Grimm, editor. Philadelphia: Fortress Press.
Lyotard, Jean-François. (1984). *The Postmodern Condition: A Report on Knowledge*. Geoff Bennington and Brian Massumi, translators. Minneapolis: University of Minnesota Press.
MacDonald, Scott, editor. (1991). *Being and Goodness: The Concept of the Good in Metaphysics and Philosophical Theology*. Ithaca, NY: Cornell University Press.

MacIntyre, Alasdair. (1981). *After Virtue*. Notre Dame, IN: University of Notre Dame Press.

——. (1988). *Whose Justice? Which Rationality?* Notre Dame, IN: University of Notre Dame Press.

——. (1991). "Community, Law, and the Idiom and Rhetoric of Rights." *Listening: Journal of Religion and Culture* 55: 96–110.

——. (1999). *Dependent Rational Animals: Why Human Beings Need the Virtues*. Chicago: Open Court Press.

——. (2016). *Ethics in the Conflict of Modernity: An Essay on Desire, Practical Reasoning, and Narrative*. Cambridge: Cambridge University Press.

Mâle, Emile. (1972). *The Gothic Image: Religious Art in France of the Thirteenth Century*. Dora Nussey, translator. Icon Edition. New York: Harper and Row.

Malevich, Kazimir. (1968). "From Cubism and Futurism to Suprematism: The New Realism in Painting." In *Essays on Art 1915–1928*. Copenhagen: Borgens Forlag, 1968, 33.

Mallon, Ron. (2004). "Passing, Traveling and Reality: Social Constructionism and the Metaphysics of Race" *Noûs* 38 (4): 644–673.

——. (2006). "Race: Normative, Not Metaphysical or Semantic," *Ethics*, 116 (3): 525–551.

——. (2007). "A Field Guide to Social Construction." *Philosophy Compass* 2 (1): 93–108.

Manczak E. M., A. DeLongis, and E. Chen. (2016). "Does Empathy Have a Cost? Diverging Psychological and Physiological Effects within Families." *Health Psychology* 35 (3): 211–218.

Mandik, Peter. (2013). "The Neurophilosophy of Subjectivity." In *Oxford Handbook of Philosophy and Neuroscience*. John Bickel, editor. New York: Oxford University Press.

Mann, Charles (2011). "The Birth of Religion." *National Geographic* (June), 39–59.

Maritain, Jacques. (1943). *The Rights of Man and the Natural Law*. New York: Scribner.

——. (1949). *Human Rights: Comments and Interpretations*. UNESCO, editor. New York: Columbia University Press.

Markosian, Ned (2004). "A Defense of Presentism." In Zimmerman (2004), 47–82.

Martin, Linette. (2002). *Sacred Doorways: A Beginner's Guide to Icons*. Brewster, MA: Paraclete Press.

Mauss, Marcel. (1985). "A Category of the Human Mind: The Notion of Person; the Notion of Self." In Carrithers et al. (1985), 1–25.

Maxwell, I. (2006) *Animal Tracks, ID and Techniques*. Falmouth, UK: Flame Lilly Press.

McDowell, John. (1994). *Mind and World*. Cambridge, MA: Harvard University Press.

McGilchrist, Iain. (2009). *The Master and His Emissary: The Divided Brain and the Making of the Western World*. New Haven, CT: Yale University Press.

Merleau-Ponty, Maurice. (2012). *The Phenomenology of Perception.* Donald A. Landes, translator. New York: Routledge Classics.
Michael, J. (2014). "Towards a Consensus about the Role of Empathy in Interpersonal Understanding." *Topoi* 33 (1): 157–172.
Miller, Christian B., R. Michael Furr, Angela Knobel, and William Fleeson, editors. (2015). *Character: New Directions from Philosophy, Psychology, and Theology.* New York: Oxford University Press.
Mirra, Nicole. (2018). *Educating for Empathy: Literacy, Learning, and Civic Engagement.* New York: Teachers College Press.
Mooney, James. (1995). *Myths of the Cherokee.* New York: Dover Publications.
Moran, Dermot. (2016). "*Ineinandersein* and *L'interlacs*: The Constitution of the Social World or 'We-World' (*Wir-Welt*) in Edmund Husserl and Maurice Merleau-Ponty." In *Phenomenology of Sociality.* Thomas Szanto and Dermot Moran, editors. New York: Routledge.
Morgan, Kathryn A. (2000). *Myth and Philosophy from the Presocratics to Plato.* Cambridge: Cambridge University Press.
Morrell, Michael E. (2007). "Empathy and Democratic Education." *Public Affairs Quarterly* 21 (4): 381–403.
——. (2010). *Empathy and Democracy.* University Park: Pennsylvania State University Press.
Morrison, India, Donna Lloyd, Giuseppe Di Pellegrino, and Neil Roberts. (2004). "Vicarious Responses to Pain in Anterior Cingulate Cortex: Is Empathy a Multisensory Issue?" *Cognitive, Affective & Behavioral Neuroscience* 4 (2): 270–278.
Moszkowski, Alexander. (1921). *Einstein the Searcher: His Work Explained from Dialogues with Einstein.* H. L. Brose, translator. London: Methuen.
Mueller, Gustav E. (1948). *Philosophy of Literature.* New York: Philosophical Library.
Murray, Penelope. (2011). "Platonic 'Myths.'" In *A Companion to Greek Mythology.* Ken Dowden and Niall Livingstone, editors. Chichester, UK: Wiley-Blackwell, 179–194.
Næss, A. (1973). "The Shallow and the Deep, Long-Range Ecology Movement: A Summary," *Inquiry* 16:95–100.
Nagel, Thomas. (1986). *The View from Nowhere.* New York: Oxford University Press.
——. (2009). "Secular Philosophy and the Religious Temperament." In *Secular Philosophy and the Religious Temperament: Essays 2002–2008.* New York: Oxford University Press.
——. (2012). *Mind and Cosmos: Why the Materialist Neo-Darwinian Conception of Nature Is Almost Certainly False.* New York: Oxford University Press.
——. (2017). "Is Consciousness an Illusion?" *New York Review of Books* (March 9). https://www.nybooks.com/articles/2017/03/09/is-consciousness-an-illusion-dennett-evolution/.
Neta, Ram. (2018). "External World Skepticism." In *Skepticism: From Antiquity to the Present.* Baron Reed and Diego Machuca, editors. New York: Bloomsbury Academic, 634–651.

Neuhouser, Frederick. (1990). *Fichte's Theory of Subjectivity*. Cambridge: Cambridge University Press.

Newton-Fisher, Nicholas E., and Phyllis C Lee. (2011). "Grooming Reciprocity in Wild Male Chimpanzees." *Animal Behaviour* 81 (2): 439–446.

Nivison, David Shepherd. (1999). "The Classical Philosophical Writings." In *The Cambridge History of Ancient China: From Origins to Civilization to 221 B.C.* Michael Loewe and Edward Shaughnessy, editors. New York: Cambridge University Press, 745–812.

Nock, A. D. (1933). *Conversion: The Old and the New in Religion from Alexander the Great to Augustine of Hippo*. Baltimore, MD: Johns Hopkins University Press.

Nussbaum, Martha C. (2001). *The Fragility of Goodness*. Cambridge: Cambridge University Press.

Olberding, Amy. (2019). *The Wrong of Rudeness: Learning Modern Civility from Ancient Chinese Philosophy*. New York: Oxford University Press.

Osler, Margaret J. (2000). "The Canonical Imperative: Rethinking the Scientific Revolution." In *Rethinking the Scientific Revolution*. Margaret J. Osler, editor. Cambridge: Cambridge University Press, 3–22.

Pächt, Otto. (1999). *The Practice of Art History: Reflections on Method*. David Britt, translator. London: Harvey Miller Publishers.

Panofsky, Erwin. (1953). *Early Netherlandish Painting: Its Origins and Character*. Cambridge, MA: Harvard University Press.

Park, Katharine, and Daston, Lorraine. (2003). "Introduction: The Age of the New." In *The Cambridge History of Science*. Vol. 3, *Early Modern Science*. Roy Porter, editor. New York: Cambridge University Press, 1–17.

Paul, L. A. (2014). *Transformative Experience*. New York: Oxford University Press.

Peirce, Charles S. (1966). *Selected Writings (Values in a World of Chance)*. Philip P. Wiener, editor. New York: Dover.

——. (1982). *Writings of Charles S. Peirce: A Chronological Edition*. Max H. Fisch and Christian J. W. Kloesel, editors. Bloomington: Indiana University Press.

Penner, L. A., R. J. Cline, T. L. Albrecht, F. W. Harper, A. M. Peterson, J. M. Taub, et al. (2008). "Parents' Empathic Responses and Pain and Distress in Pediatric Patients." *Basic and Applied Social Psychology* 30 (2), 102–113.

Perry, John. (1979). "The Problem of the Essential Indexical." *Noûs* 13 (1): 3–21.

Pico della Mirandola, Giovanni. ([1486] 2012). *Oration on the Dignity of Man: A New Translation and Commentary*. F. Borghesi, M. Papio, and M. Riva, editors. Cambridge: Cambridge University Press.

Pieper, Josef. (1963). *Leisure: The Basis of Culture*. New York: Random House.

——. (1998). *Happiness and Contemplation*. Richard and Clara Winston, translators. South Bend, IN: St. Augustine's Press.

Plantinga, Alvin. (1983). "Reason and Belief in God." In *Faith and Rationality*. Alvin Plantinga and Nicholas Wolterstorff, editors. Notre Dame, IN: University of Notre Dame Press.

——. (1993). *Warrant and Proper Function*. New York: Oxford University Press.

——. (2000). *Warranted Christian Belief*. New York: Oxford University Press.

——. (2011). *Where the Conflict Really Lies: Science, Religion, and Naturalism*. New York: Oxford University Press.

Plato. (1997). *Plato: Complete Works*. John M. Cooper, editor. Indianapolis: Hackett Publishing.

Plotinus. (2018). *The Enneads*. Lloyd P. Gerson, editor; G. Boys-Stones, J. M. Dillon, L. P. Gerson, R.A.H. King, A. Smith, and J. Wilberding, translators. Cambridge: Cambridge University Press.

Pope-Hennessy, John. (1989). *The Portrait in the Renaissance: The A. W. Mellon Lectures in the Fine Arts 12*. Bollingen Series 35. Princeton, NJ: Princeton University Press.

Popkin, Richard, ed. (1966). *The Philosophy of the Sixteenth and Seventeenth Centuries*. New York: Free Press.

Porphyry of Tyre. (2018) *On the Life of Plotinus and the Order of His Books*. In *The Enneads*. Lloyd P. Gerson, editor; G. Boys-Stones, J. M. Dillon, L. P. Gerson, R.A.H. King, A. Smith, and J. Wilberding, translators. Cambridge: Cambridge University Press.

A Presocratics Reader: Selected Fragments and Testimonia (2011). 2nd ed. Patricia Curd, editor; Richard D. McKirahan and Patricia Curd, translators. Indianapolis: Hackett Publishing.

Putnam, Hilary. (1973). "Meaning and Reference." *Journal of Philosophy* 70 (19), Seventieth Annual Meeting of the American Philosophical Association Eastern Division. (November 8, 1973): 699–711.

——. (1975). "The Meaning of 'Meaning.'" *Minnesota Studies in the Philosophy of Science* 7: 131–193. Reprinted in *Philosophical Papers*. Vol. 2, *Mind, Language, and Reality*. Hilary Putnam, editor. Cambridge: Cambridge University Press, 1975.

——. (1981). "Brains in a Vat." *Reason, Truth, and History*. Cambridge: Cambridge University Press.

——. (1982). "Why Reason Can't Be Naturalized." *Synthese* 52: 3–23.

——. (1999). *The Threefold Cord: Mind, Body, and World*. New York: Columbia University Press.

——. (2004). *The Collapse of the Fact/Value Dichotomy and Other Essays*. Cambridge, MA: Harvard University Press.

Quine, Willard V. O. (1951). "Two Dogmas of Empiricism." *Philosophical Review*. 60 (1): 20–43.

Raaflaub, Kurt. (2009). "Intellectual Achievements." In *A Companion to Archaic Greece*. Kurt Raaflaub and Hans van Wees, editors. Chichester, UK: Wiley-Blackwell, 564–584.

Ramachandran, V. S. (2007). "The Neurology of Self-Awareness." Edge Foundation 10th Anniversary Essay. John Brockman, editor. London: Edge Foundation.

——. (2011). *The Tell-Tale Brain: A Neuroscientist's Quest for What Makes Us Human*. New York: W. W. Norton.

Rameson, Lian T., and Matthew D. Lieberman. (2009). "Empathy: A Social Cognitive Neuroscience Approach." *Social and Personality Psychology Compass* 3 (1): 94–110.

Rawls, John. (1971). *A Theory of Justice*. Cambridge, MA: Belknap Press.
——. (1996). *Political Liberalism*. New York: Columbia University Press.
——. (1999). *A Theory of Justice*. Rev. ed. Oxford: Oxford University Press.
——. (2005). *Political Liberalism*. New York: Columbia University Press.
Reeder, Glenn. John B. Pryor, Michael J. A. Wohl, and Michael L. Griswell. (2005). "On Attributing Negative Emotions to Others Who Disagree with Our Opinions." *Personality and Social Psychology Bulletin* 31 (11): 1498–1510.
Rheinfelder, Hans. (1928). *Das Wort "Persona": Geschichte seiner Bedeutungen mit besonderer Berücksichtigung des französischen und italienischen Mittelalters*. Beihefte zur Zeitschrift für romanische Philologie 77. Halle: Niemeyer.
Rhodes, Aaron. (2018). *The Debasement of Human Rights: How Politics Sabotage the Ideal of Freedom*. New York: Encounter Books.
Rochat, P. (2003). "Five Levels of Self-Awareness as They Unfold Early in Life." *Conscious and Cognition* 12 (4): 717–731.
Rochberg, Francesca. (2016). *Before Nature: Cuneiform Knowledge and the History of Science*. Chicago: University of Chicago Press.
Rolston, H. (1975). "Is There an Ecological Ethic?" *Ethics* 85: 93–109.
Rosen, Michael. (2012). *Dignity: Its History and Meaning*. Cambridge, MA: Harvard University Press.
Roth, Harold D. (2004). *Original Tao: Inward Training (Nei-yeh) and the Foundations of Taoist Mysticism*. New York: Columbia University Press.
Routley, Richard. (1973). "Is There a Need for a New, an Environmental, Ethic?" *Proceedings of the 15th World Congress of Philosophy* 1: 205–210.
Rowett, Catherine. (2013). "Philosophy's Numerical Turn: Why the Pythagoreans' Interest in Numbers Is Truly Awesome." In *Doctrine and Doxography: Studies on Heraclitus and Pythagoras*. D. Sider and D. Obbink, editors. Sozomena: Studies in the Recovery of Ancient Texts. Berlin: De Gruyter, 3–32.
Ruff, Willie, and John Rodgers. (2011). *The Harmony of the World: A Realization for the Ear of Johannes Kepler's Astronomical Data from Harmonices Mundi 1619*. Audio recording. Guilford, CT: Kepler Records.
Russell, Bertrand. (1959). *The Problems of Philosophy*. Oxford: Oxford University Press.
Sagan, Carl, et al. (writers), Adrian Malone et al. (directors), and Gregory Andorfer et al. (producers). (1980). *Cosmos: A Personal Journey*. Episode 1, "The Shores of the Cosmic Ocean." Aired September 28 on PBS.
Sartre, Jean-Paul. (1948). "Existentialism Is a Humanism." Philip Mairet, translator. London: Methuen.
——. (1960). *The Transcendence of the Ego: A Sketch for a Phenomenological Description*. New York: Hill and Wang.
——. (1993). *Being and Nothingness*. Hazel E. Barnes, translator. New York: Washington Square Press.
Schellenberg, J. L. (2015). *The Hiddenness Argument: Philosophy's New Challenge to Belief in God*. New York: Oxford University Press.
——. (2019). *Progressive Atheism: How Moral Evolution Changes the God Debate*. London: Bloomsbury Publishing.

Schmitz, Kenneth L. (1986). "The Geography of the Human Person." *Communio: International Catholic Review* 13 (1): 27–48.

Schneewind, J. B. (1997). *The Invention of Autonomy: A History of Modern Moral Philosophy*. Cambridge: Cambridge University Press.

Schopenhauer, Arthur. (2004). "On Some Forms of Literature." In *The Art of Literature*. T. Bailey Saunders, translator. Mineola, NY: Dover Publications. Replica of 6th ed. (New York: Macmillan, 1891).

Searle, John. (1994). *The Rediscovery of the Mind*. Cambridge, Mass.: MIT Press.

——. (2015). *Seeing Things as They Are: A Theory of Perception*. New York: Oxford University Press.

Sibley, Chris G., and Fiona Kate Barlow. (2017). *The Cambridge Handbook of the Psychology of Prejudice*. Cambridge: Cambridge University Press.

Siderits, Mark. (2011). "Buddhist Non-Self: The No-Owner's Manual." In *The Oxford Handbook of the Self*. Shaun Gallagher, editor. Oxford: Oxford University Press

Singer, Peter. (2011). *Practical Ethics*. 3rd ed. Cambridge: Cambridge University Press.

Slote, Michael A. (2007). *The Ethics of Care and Empathy*. New York: Routledge University Press.

Smith, Kurt. (Winter 2018). "Descartes' Theory of Ideas." *The Stanford Encyclopedia of Philosophy*. Edward N. Zalta, editor. https://plato.stanford.edu/archives/win2018/entries/descartes-ideas/.

Snow, N. E. (2000). "Empathy." *American Philosophical Quarterly* 37(1): 65–78.

Sorabji, Richard. (2006). *Self: Ancient and Modern Insights about Individuality, Life, and Death*. Chicago: University of Chicago Press.

Spinoza, Benedict. (1994). *A Spinoza Reader: The* Ethics *and Other Works*. Edwin Curley, editor and translator. Princeton, NJ: Princeton University Press.

Stark, Rodney. (2004). *For the Glory of God: How Monotheism Led to Reformations, Science, Witch-Hunts, and the End of Slavery*. Princeton, NJ: Princeton University Press.

Sulmasy, Daniel P. (2010). "Human Dignity and Human Worth." In *Perspectives on Human Dignity*. J. Malpas and N. Lickiss, editors. Dordrecht, Netherlands: Springer, 9–25.

Sunstein, Cass R. (2017). *Republic: Divided Democracy in the Age of Social Media*. Princeton, NJ: Princeton University Press.

Taipale, Joona. (2014). *Phenomenology and Embodiment: Husserl and the Constitution of Subjectivity*. Chicago: Northwestern University Press.

Talisse, Robert. (2016). *Engaging Political Philosophy: An Introduction*. Abingdon: Routledge.

——. (2019). *Overdoing Democracy: Why We Must Put Politics in Its Place*. Oxford: Oxford University Press.

Taylor, Charles. (1991). *The Ethics of Authenticity*. Cambridge, MA: Harvard University Press.

——. (1995). "A Most Peculiar Institution." In *World, Mind, and Ethics: Essays on the Ethical Philosophy of Bernard Williams*. J.E.J. Altham and Ross Harrison, editors. Cambridge: Cambridge University Press.

Theon of Smyrna. (1978). *Mathematics Useful for Understanding Plato: Or, Pythagorean Arithmetic, Music, Astronomy, Spiritual Disciplines*. Robert and Deborah Lawlor, translators. San Diego, CA: Wizards Bookshelf.

Tombak, Kaia J., Eva C. Wikberg, Daniel I. Rubenstein, and Colin A. Chapman. (2019). "Reciprocity and Rotating Social Advantage among Females in Egalitarian Primate Societies." *Animal Behaviour* 157: 189–200.

Tooley, Michael. (1972). "Abortion and Infanticide." *Philosophy and Public Affairs* 2 (1), 37–65.

——. (1983). *Abortion and Infanticide*. Oxford: Clarendon Press.

van Wensveen, Louke. (2000). *Dirty Virtues: The Emergence of Ecological Virtue Ethics*. New York: Humanity Books.

Varela, Francisco J., Evan Thompson, and Eleanor Rosch. (2016). *The Embodied Mind: Cognitive Science and Human Experience*. Rev. ed. Cambridge, MA: MIT Press.

Vergano, Dan. (2014). "Cave Paintings in Indonesia Redraw Picture of Earliest Art." *National Geographic*, October.

Waldron, Jeremy. (2012). "Dignity and Rank." In *Dignity, Rank, and Rights: The Berkeley Tanner Lectures*. Meir Dan-Cohen, editor. Oxford: Oxford University Press, 2–27.

Wallace, Deborah. (1999). "Jacques Maritain and Alasdair MacIntyre: The Person, the Common Good and Human Rights." In *The Failure of Modernism: The Cartesian Legacy and Contemporary Pluralism*. B. Sweetman, editor. Washington, DC: Catholic University of America Press, 127–140.

Wallace, William A. (1981). *Prelude to Galileo: Essays on Medieval and Sixteenth Century Sources of Galileo's Thought*. New York: Springer.

Weber, Max. (1919). *Science as a Vocation*. Munich: Duncker & Humblot. Reprinted in Weber (1946), 129–156.

——. (1946). *From Max Weber: Essays in Sociology*. H. H. Gerth and C. Wright Mills, translators and editors. New York: Oxford University Press.

Weithman, Paul. (2016). *Rawls, Political Liberalism, and Reasonable Faith*. Cambridge: Cambridge University Press.

Welch, Shay. (2019). *The Phenomenology of a Performative Knowledge System: Dancing with Native American Epistemology*. London: Palgrave MacMillan.

Whitehead, Alfred North. (1925). *Science and the Modern World*. New York: Free Press.

Wians, William Robert. (2009). "Introduction." In *Logos and Mythos: Philosophical Essays in Greek Literature*. William Wians, editor. Albany: SUNY Press, 1–10.

Williams, Bernard. ([1978] 2005). *Descartes: The Project of Pure Enquiry*. London: Routledge.

——. (2006). *Ethics and the Limits of Philosophy*. London: Routledge.

Williams, Daniel K. (2016). *Defenders of the Unborn: The Pro-Life Movement before Roe v. Wade*. New York: Oxford University Press.

Williamson, Thad. (2008). "Sprawl, Spatial Location, and Politics: How Ideological Identification Tracks the Built Environment." *American Politics Research* 36 (6): 903–933.

Wilshire, Bruce. 2000. *The Primal Roots of American Philosophy: Pragmatism, Phenomenology, and Native American Thought*. University Park: Pennsylvania State University Press.

Wittgenstein, Ludwig. (1961). *Tractatus Logico-Philosophicus*. D. F. Pears and B. F. McGuinness, translators. London: Routledge and Kegan Paul.

——. (2009). *Philosophical Investigations*. 4th ed. P.M.S. Hacker and Joachim Schulte, editors. Oxford: Blackwell.

Wojtyla, Karol (Pope St. John Paul II). (2008). *Person and Community: Selected Essays*. 2nd ed. Theresa Sandok, OSM, translator. Catholic Thought from Lublin. New York: Peter Lang.

Yunis, Harvey. (2013). "Political Uses of Rhetoric in Democratic Athens." In *The Greek Polis and the Invention of Democracy: A Politico-cultural Transformation and Its Interpretations*. Johann P. Arnason, Kurt A. Raaflaub, and Peter Wagner, editors. Chichester, UK: Wiley-Blackwell, 144–162.

Zagzebski, Linda. (1996). *Virtues of the Mind*. Cambridge: Cambridge University Press.

——. (1998). "Virtue in Ethics and Epistemology." Presidential address to the American Catholic Philosophical Association. *Proceedings of the 1997 American Catholic Philosophical Association*. 17: 1–17.

——. (1999). "*Phronesis* and Christian Belief." In *The Rationality of Theism*. Godehard Bruntrup, editor. Dordrecht, Netherlands: Kluwer.

——. (2000). "*Phronesis* and Religious Belief." In *Knowledge, Belief, and Character*. Guy Axtell, editor. Lanham, MD: Rowman and Littlefield.

——. (2008a). "Ethical and Epistemic Egoism and the Ideal of Autonomy." *Episteme: A Journal of Social Epistemology*. 4: 252–263.

——. (2008b). "Omnisubjectivity." In *Oxford Studies in Philosophy of Religion*. Jonathan Kvanvig, editor. Oxford: Oxford University Press, 231–248.

——. (2010). "Exemplarist Virtue Theory." *Metaphilosophy* 41: 41–57. Reprinted in Heather Battaly, ed. (2010), *Virtue and Vice: Moral and Epistemic*. Oxford: Wiley-Blackwell.

——. (2011). "First Person and Third Person Epistemic Reasons and Religious Epistemology." *European Journal of Philosophy of Religion* (Fall). Reprinted in Sebastian Kolodziejczyk and Janusz Salamon, eds. (2013). *Knowledge, Action, Pluralism*. Frankfurt am Main: Peter Lang.

——. (2012). *Epistemic Authority: A Theory of Trust, Authority, and Autonomy in Belief*. New York: Oxford University Press.

——. (2013). *Omnisubjectivity: A Defense of a Divine Attribute*. Milwaukee: Marquette University Press.

——. (2014). "First Person and Third Person Reasons and the Regress Problem." In *Ad Infinitum: New Essays on Epistemological Infinitism*. John Turri and Peter Klein, editors. New York: Oxford University Press, 243–255.
——. (2016a). "The Dignity of Persons and the Value of Uniqueness." Presidential address to the Central Division of the American Philosophical Association. In *Proceedings and Addresses of the American Philosophical Association* 90 (November): 55–70.
——. (2016b). "Omnisubjectivity: Why It Is a Divine Attribute." *Nova et Vetera* 14 (2): 435–450.
——. (2017). *Exemplarist Moral Theory*. New York: Oxford University Press.
——. (2019). "Intellectual Virtue Terms and the Division of Linguistic Labor. In *Virtue and Voice: Habits of Mind for a Return to Civil Discourse*. Gregg Ten Elshof and Evan Rosa, editors. Abilene, TX: Abilene Christian University Press.
Zahavi, Dan. (2005). *Subjectivity and Selfhood: Investigating the First-Person Perspective*. Cambridge, MA: MIT Press.
Zhong, Lei. 2016. "Physicalism, Psychism, and Phenomenalism." *Journal of Philosophy* 113 (11): 572–590.
Zhmud, Leonid. (2012). *Pythagoras and the Early Pythagoreans*. Kevin Windle and Rosh Ireland, translators. Oxford: Oxford University Press.
Zimmerman, Dean, ed. (2004). *Oxford Studies in Metaphysics*, vol. 1. New York: Oxford University Press.